一部提升做人境界，完善成事策略的宝典

YANXINGYAODIDIAO

XIJIEYAODAODIAO

言行要低调 细节要高调

孙颢／编著

中国华侨出版社

图书在版编目（CIP）数据

言行要低调，细节要高调/孙颢编著．—北京：中国华侨出版社，2010.7

ISBN 978-7-5113-0543-5

Ⅰ.①言…　Ⅱ.①孙…　Ⅲ.①人生哲学—通俗读物　Ⅳ.①B821-49

中国版本图书馆 CIP 数据核字（2010）第 133334 号

●言行要低调，细节要高调

编　　著/孙　颢
责任编辑/尹　影
经　　销/新华书店
开　　本/710×1000 毫米　1/16　印张 15　字数 200 千字
印　　数/5001-10000
印　　刷/北京一鑫印务有限责任公司
版　　次/2013 年 5 月第 2 版　2018 年 3 月第 2 次印刷
书　　号/ISBN 978-7-5113-0543-5
定　　价/29.80 元

中国华侨出版社　　北京市朝阳区静安里 26 号通成达大厦 3 层　　邮编 100028
法律顾问：陈鹰律师事务所
编辑部：（010）64443056　　64443979
发行部：（010）64443051　　传真：64439708
网　址：www.oveaschin.com
e-mail：oveaschin@sina.com

前　言

顺畅的人生少不了工作、生活中在言行上的低调和在细节上的高调。如果说言行低调是一种风范，一种智慧，一种境界，那么细节高调则是一种谋略，一种目标，一种态度。这是人生成功和快乐的两大要素。

低调听起来仿佛是个老生常谈的话题，却蕴藏着人生得失的厚重内涵，绝对是为人处世的一大玄机。低调显示一个人成熟稳重，幽默显示一个人豁达睿智。毋庸置疑，这是一个人素质的体现，也是人生之旅能否顺风扬帆的关键。

初次见面，人们总以“怎么说话”来评判一个人；长时间相处后，人们更多地以“说什么话”以及说之后的作用来评判一个人。所以，说话不是词藻的简单堆砌，而是一个人思想境界和处世态度的具体体现。要想低调做人，就得从改变处世态度和自己的言行做起。

言行低调，是一种人生姿态，是俯下身躯却胸怀大志的行动，是谦逊有礼却心胸高远的气概，是退让有节却勇于进取的情怀。低调不是窝囊，也不是低贱，更不是低人一等，而是生活中高超的处世智慧。

言行低调的人并不是与世隔绝，而是在社会交往中保持了一个真实的自我，他们不矫揉造作，他们不惺惺作态，这使他们在这个充满诱惑的世界上不至于迷失自我，易于被人接受。

细节上的高调，是成功者的行事规则。有人说，大丈夫行事，论是非，不论利害；论顺逆，不论成败；论万世，不论一生。因此，细节高调，就是纵观全局，从长远出发，能够经得住是非成败的考验与风霜雨雪的历练，始终抱着一丝不苟的态度去做事。

细节上的高调，是一种谋求生存与发展的自我完善智慧，也是一种处世立身的进攻谋略，深谙“高调”的人，才是真正成功做事的大智之人。

但凡有大成功的人，都是绝对聪明却肯下“笨功夫”的人。这个“笨功夫”包含两点：一是在细节上愿意比别人付出更多的努力；二是表现得大智若愚，在言行上比别人低调。前者是从做事的角度来说，后者是从做人的角度来谈。二者结合起来能使读者受益匪浅。

本书紧紧围绕言行低调与细节高调的核心内容，进行了详尽的讲述。文中语言朴实流畅，案例生动新颖。相信通过阅读本书，能使读者获得良好的感悟与启迪。

目 录

上篇：言行放低调

言行低调是一种风范，一种智慧，一种境界

上篇：言行放低调

言行低调是一种风范，一种智慧，一种境界

第一章　说话低调是一种人生境界

初次见面，人们以“怎么说话”来评判一个人；长时间相处后，人们更多地以“说什么话”以及说之后的作用来评判一个人。所以，说话不是词藻的简单堆砌，而是一个人思想境界和处世态度的具体体现。要想低调做人，就得从改变处世态度和说话方式做起。

收敛自己的言行

一个人的言行会从本质上反映这个人的思想状态、道德修养、人生态度。谦逊的人言行平和温雅，狂傲的人言行骄横无礼。低调做人，保持言行上的谦和文雅才能为自己营造出温馨的生存空间和融洽的人际关系。如果一个人在生活中总是显出一副趾高气扬、指手画脚的样子，即使不是出自真心的想要如此，也会招来众人的非议和排斥。

汉元光五年，信奉儒家学说的汉武帝征召天下有才能的读书人，年已 70 多岁的川人公孙弘的策文被汉武帝欣赏，提名为对策第一。汉武帝刚即位时也曾征召贤良文学士，那时公孙弘才 60 岁，以贤良征为博士。后来，他奉命出使匈奴，回来向汉武帝汇报情况，因与皇上意见不合，并在朝堂上起争执，引起皇上发怒，他只好称病回归故乡。这次他荣幸地获得对策第一，重新进入京都大门，就决定要汲取上次的教训，凡事必须保持低调。

从此，公孙弘上朝开会，从来没有发生过与皇上意见不一致时当庭纷争的事情。凡事都顺着汉武帝的意思，由皇上自己拿主意，汉武帝认为他谨慎淳厚，又熟习文法和官场事务，一年不到，就提拔他为左内史。

有一次，公孙弘因事上朝奏报，他的意见和主爵都尉汲黯一致，两人商量好要坚持共同的主张。谁知当汉武帝升殿、邀集群臣议论时，公孙弘竟为迎合圣意放弃自己先前的主张，提出由皇上自己拿主意。汲黯顿时十分恼怒，当庭责问公孙弘说："我听说齐国人大多狡诈而无情义，你开始时与我持一致意见，现在却背弃刚才的意见，岂不是太不忠诚了吗？"汉武帝问公孙弘说："你有没有食言？"公孙弘谢罪说："如果了解臣的为人，便会说臣忠诚；如果不了解臣的为人，便会说臣不忠诚！"汉武帝见他回答得如此机巧而妥当，因此十分满意。从那以后，左右幸臣每次诋毁公孙弘，皇上都宽厚地为他开脱，并在几年后提拔他为御史大夫。

公孙弘在皇上眼中是个谨慎淳厚的臣子，但有些大臣却认为他是个伪君子。有一次，主爵都尉汲黯听说公孙弘生活节俭，晚上睡觉盖的是布被，便入宫向汉武帝进言说："公孙弘居于三公之位，俸禄这么多，但是他睡觉盖布被，这是假装节俭，这样做岂不是为了欺世盗名吗？"汉武帝马上召见公孙弘，问他说："有没有盖布被之事？"公孙弘谢罪说："确有此事。我位居三公而盖布被，诚然是用欺诈手段来沽名钓誉。臣听说管仲担任齐国丞相时，市租都归于国库，齐国由此而称霸；到晏婴任齐景公的丞相时从来不吃肉，妾不穿丝帛做的衣服，齐国得到治理。今日臣虽然身居御史大夫之位，但睡觉却盖布被，这无非是说与小官吏没什么两样，怪不得汲黯颇有微议，说臣沽名钓誉。"汉武帝听公孙弘满口认错，更加觉得他是个凡事都退让的谦恭君子，因此更加信任他。元狩五年，汉武帝免去薛泽的丞相之位，由公孙弘继任。汉朝通常都是列侯才能拜为丞相，而公孙弘却没有爵位，于是，皇上又下诏封他为平津侯。

公孙弘拜为丞相后，名重一时。当时，汉武帝正想建功立业，多次征召贤良之士。公孙弘便在丞相府开办了各种客馆，开放东阁迎接各地来的贤人。每次会见宾客，他都格外谦让恭敬。有一次，他的老朋友高贺前来进谒，公孙弘接待了他，而且留他在丞相府邸住宿。不过每顿饭只吃一种肉菜，饭也比较粗糙，睡觉只让他盖布被。高贺还以为公孙弘故意怠慢他，到侍者那里一打听，原来公孙弘自己的饮食服饰同样如此简朴。公孙弘的俸禄很多，但由于许多宾客朋友的衣食都仰仗于他，因此家里并没有多余的财产。

公孙弘活到80岁，在丞相位上去世。以后，李蔡、严青翟、赵周、石庆、公孙贺、刘屈氂相继成为丞相。因为言行不谨慎，这些人中只有石庆在丞相位上去世，其他人都遭到诛杀。看来，公孙弘不肯当庭纷争、取容当世也是一种不得已的处世之法。

生活中的一言一行可以称之为小事，但从这些小事中却可以看出一个人的境界。在智者面前，你的任何一个细小的动作、轻微的言辞都逃不过他们的眼睛。所以，他们可以因一句话或一个动作接纳你、帮助你，也可以因一句话或一个动作拒绝你、排斥你。注意自己的言行可以为你打造平坦的生存之路，直通人生的最高境界。

学会面带微笑去说话

在生活中，人们脸上的微笑，就是向人表示：我喜欢你，我非常高兴见到你！

微笑是从内心发出的，那种不诚意的微笑是机械的、敷衍的，也就是人们所说的那种“皮笑肉不笑”，那是不能欺骗谁的，也是我们所反对的、厌恶的。

纽约一家极具规模的百货公司里的人事部主任谈到雇人的标准时说，他宁可雇用一个有可爱的微笑、小学还没有毕业的女孩子，也不愿意雇用一个冷若冰霜的哲学博士。

如果你希望别人用一副高兴、欢愉的神情来对待你，那么你自己必须先要用这样的神情去对别人。

建议那些商界人士，尽量对每一个人微笑。斯坦哈德在纽约证券交易所上班，他给人的感觉是那种很严肃的人，在他脸上难得见到一丝笑容。

斯坦哈德结婚已有18年了，这么多年来，从他起床到离开家这段时间内，他很难得对自己的太太露出一丝微笑，也很少说上几句话，家里的气氛很沉闷，他决定改变这种状况。一天早晨他梳头的时候，从镜子里看到自己那张绷得紧紧的脸孔，他就向自己说：比尔，你今天必须要把你那张凝结得像石膏像的脸松开来，你要展现出一副笑容来，就从现在开始。坐下吃早餐的时候，他脸上有了一副轻松的笑意，他向太太打招呼：亲爱的，早！

太太的反应是惊人的，她完全愣住了，可以想象得到，那是由于她意想不到的高兴，斯坦哈德告诉她以后都会这样。从那以后，他们家庭的生活就完全变了样。

现在斯坦哈德去办公室，会对电梯员微笑地说：您早！去柜台换钱时，对里面的伙计，他脸上也带着笑容。就是在交易所里，对那些素昧平生从没有见过面的人，他的脸上也带着一缕笑容。

不久他就发现每一个人见到他时，都向他投之一笑。对那些来向他道“苦经”的人，他以关心的、和悦的态度听他们诉苦，而无形中他们所认为苦恼的事，变得容易解决了。微笑给他带来了巨大的财富。

斯坦哈德和另外一个经纪人合用一间办公室。他雇用了一个职员，是个可爱的年轻人，那位年轻人渐渐地对他有了好感。斯坦哈德对自己所得到的成就感到得意而自傲，所以他对那位年轻人提到“人际关系学”。那位年轻人这样告诉斯坦哈德，他初来这间办公室时，认为他是一个脾气极坏的人。而最近一段时间以来，他的看法已彻底地改变过来了。他夸斯坦哈德微笑的时候很有人情味儿！

现在，斯坦哈德是一个跟过去完全不同的人了，一个更快乐、更充实的人，因拥有友谊及快乐而更加充实。

如果你觉得自己笑不出来，那怎么办？不妨试一试，强迫自己微笑。如果你单独一人的时候，吹吹口哨，唱唱歌，尽量让自己高兴起来，就好像你真的很快乐一样，那就能使你快乐。哈佛大学的詹姆斯教授曾说：“行动好像是跟着感觉走的，可是事实上，行动和感受是并行的。所以你需要快乐时，就要强迫自己快乐起来。”

人是很容易被感动的，而感动一个人靠的未必都是慷慨的施舍和巨大的投入。往往一个热情的问候、温馨的微笑，都足以在人的心灵中洒下一片阳光。如果你要改变说话的效果，就先从改变那副板着的面孔、露出一个微笑开始。

没有人喜欢被强迫

任何人都不喜欢被强迫着去做事或者接受他人的意见。人们都喜欢按自己的心愿去做。同时，喜欢有人来征求我们的意见、愿望和想法。

韦森先生在研究人类关系学之前，损失了无数应该获得的佣金。韦森是一家服装图样设计公司的推销员，他几乎每星期都去找纽约某位著名的设计师，这样已经有 3 年的时间了。每次这位设计师都不拒绝见韦森，而且还总是把韦森带去的图案仔细看一遍，但就是不买。

经过了 150 次的失败后，韦森觉得自己必定是过于墨守成规。所以他决定每星期利用一个晚上的时间，去研究一下人际关系的法则，以帮助自己获得一些新的思想，产生新的热忱。

不久，他决定采用一种方法。他拿了几张那些设计师们尚未完成的图样，走进那位买主的办公室。这次，他并没有像往常那样请求买主购买这些图案，而是请求设计师提出自己的意见，然后把它完成。设计师把草图留了下来，让韦森3天后去找他。

3天后，韦森又去他那里，听了建议后，把图样拿回去，按照那位买主的意思画完。这笔交易结果如何？不用说这位买主完全接受了。

那是9个月以前的事。自从那笔生意完成后，这位买主又订了10张图样，都完全是照着他的意思画的，韦森就这样赚了1600多元的佣金。

韦森过去失败的原因在于总是强迫设计师买他认为对方需要的图样。可是现在韦森所做的，跟过去完全不一样了。韦森请设计师提出他自己的意见，使设计师觉得那些图样是自己设计的。现在韦森不用要求他买，他自己也会来向韦森买。

长岛有一位汽车经销商，用了同样的方法把一辆旧汽车卖给了一对苏格兰夫妇。过去这位汽车经销商，把汽车一辆又一辆地给那对苏格兰人看，但他们总是认为有问题，不是嫌这辆不合适，就是嫌那辆什么地方有了损坏，再不就是价钱太高。

同事建议别强迫那种意志不定的人买他的汽车，要让他自己来买，而不必建议他买哪一种牌子的汽车。总之，要让顾客觉得这是他自己的意愿。

几天后，有一位顾客想把他的旧汽车换一辆新的，那位汽车商就想到了那个苏格兰人，也许他喜欢这辆旧式的汽车。于是他打了个电话给那个苏格兰人，说是有个问题想请教他。

那位苏格兰人接到他的电话后，马上就来了。汽车商请他帮忙评估一下车子的价格。

那位苏格兰人听到这些话后，满面笑容，终于有人来请教他了。驾着这部车子兜了一圈，回来后他建议商人以300元买进这辆车子。

于是汽车商问他愿不愿意以300元的价格购买这辆车，他当然愿意，因为这是他的意思、他的估价。所以这笔生意立刻就成交了。

人与人之间的理解，一向是人际沟通当中最重要也是最容易被忽略的关键。每个人都有自己既定的立场，也因此而习惯于执著在本身的领域当中，却忘了别人也和自己一样，有着他固执的一面。

把别人说成多好他就有多好

每个人都是自己内心的理想家，都把自己看得很高尚，都喜欢给自己的行为动机赋予一种良好的解释。因此在与人相处时要改变一个人的意志，就要激发他高尚的动机。

银行家培庞·摩根在他的一篇文章中说：人会做一件事，都有两种理由存在。一种是看起来很好，一种是的确很好。

人们会时常想到那个真实的理由，而我们都是自己内心的理想家，较喜欢有高尚的动机。所以要改变一个人的意志，需要激发他高尚的动机。

汉密尔顿的法瑞遇到一个很挑剔的房客，且扬言要搬离他的公寓。但这房客的租约尚有4个月才期满，每个月的租金是55元，可是他却声称立即就要搬，不管租约那回事。

这个房客，已在法瑞这里住了一个冬季。如果在秋季前搬走的话，这房子是不容易租出去的。眼看220元就要从口袋里飞走了，法瑞实在是着急。如在以前，法瑞一定找那个房客，要他把租约重念一遍，并向他指出，如果现在搬走，那4个月的租金仍须全部付清。

可是，这次法瑞只是向他这样说：“先生，听说你准备搬家，可是我不相信那是真的。我从多方面的经验来推断，我看出你是一位说话有信用的人，而且我可以跟自己打赌，你就是这样的一个人。”

房客静静地听着，没有做任何表示。接着法瑞提了个建议，让房客将他所决定的事先暂时搁在一边，不妨再考虑一下。并给了他充裕的时间，如果到时候还是决定要搬的话，法瑞说自己将会接受他的要求。

最后，法瑞一再强调他相信对方是个讲信用的人，会遵守自己的租约。

事情果然不出法瑞所料，到了下个月这位先生自己来见他，并且付了房租。并说，这件事已经跟他太太商量过，他们都认为至少应该住到期满。

已故的洛史克力夫爵士发现报上登出了一张他不愿意刊登的相片，他就写了一封信给那家报社的编辑。他那封信上没有这样说：“请勿再刊登我那张照片，因为我不喜欢。”他想激起高尚的动机，他知道每个人都尊敬自己的母亲，所以他在信上换上另外一种口气说：“由于家母不喜欢那张照片，所以贵报以后请勿刊登出来。”

当约翰·洛克菲勒要阻止摄影记者拍他子女的照片时，便想起一个人人都不愿伤害儿童的高尚动机。他对记者们这样说：“诸位，我相信你们之中有很多都是做了父亲的，如果让孩子们成了新闻人物，那并不是适宜的。”

柯狄斯本来是缅因州一个贫苦人家的孩子，后来成为《星期六晚报》和《妇女家庭杂志》的负责人，赚了几百万元。创业之初，他不能像别家的报纸、杂志一样，付出高价买稿子，也没有能力聘请国内第一流的作家替他执笔撰稿，可是，他运用了人们高尚的动机。

例如，他会请《小妇人》的作家奥尔克特为他撰写稿子，并且当时是她声望最高的时候。柯狄斯所使用的方法很特别：他签了一张100元的支票，他不是把支票给奥尔克特，而是捐助给她最喜欢的一个慈善机构。

或许有人会怀疑说：“以这种手法，用在洛史克力夫、约翰·洛克菲勒和富于情感的小说家身上，或许会有效。可是，朋友，你这种方法，如果用在那些难缠的人身上，是不是一样有效？”

不错，没有一样东西能在任何情形下产生同样的效果；没有一样东西能在所有人身上都发生效力。如果你满意你现在所得到的结果，那又何必再改变呢？假如你认为不满意的话，那就不妨试验一下。

信任别人就是信任自己，这是推己及人的道理。信任不值得信任的人，会改变这个人，使他值得信任；信任值得信任的人，会使这个人更加值得信任。

“场面话”不是可有可无的

一踏入社会，应酬的机会就多了，这些应酬包括去别人家做客、赴宴、会议及参加其他聚会等。不管你对某一次应酬满不满意，“场面话”一定要讲。

什么是“场面话”？简言之，就是让主人高兴的话。既然说是“场面话”，可想而知就是在某个“场面”才讲的话，这种话不一定代表你内心的真实想法，也不一定合乎事实，但讲出来之后，就算主人明知你“言不由衷”，也会感到高兴。说起来，讲“场面话”实在无聊之至，因为这几乎和“虚伪”画上等号，但现实社会就是这样，不讲就好像不通人情世故了。

聪明人懂得：“场面之言”是日常交际中常见的现象之一，而说场面话也是一种应酬的技巧和生存的智慧，在人世间生存的人都要懂得去说，习惯于说。

1. 学会几种场面话

当面称赞他人的话——如称赞他人的孩子聪明可爱，称赞他人的衣服大方漂亮，称赞他人教子有方等等。这种场面话所说的有的是实情，有的则与事实存在相当的差距，而这种话说起来只要不太离谱，听的人十有八九都感到高兴，而且旁人越多他越高兴。

当面答应他人的话——如“我会全力帮忙的”、“这事儿包在我身上”、“有什么问题尽管来找我”等。说这种话有时是不说不行的，因为对方运用人情压力，如果当面拒绝，场面会很难堪，而且当场会得罪人；如果对方缠着不肯走，那更是麻烦，所以用场面话先打发一下，能帮忙就帮忙，帮不上忙或不愿意帮忙再找理由，总之会起到缓兵之计的作用。

所以，在很多情况下，场面话我们不想说还不行，因为不说，会对你的人际关系造成影响。

2. 如何说场面话

去别人家做客，要谢谢主人的邀请，并盛赞菜肴的精美、丰盛、可口，并看实际情况，称赞主人的室内布置、小孩的乖巧聪明……

赴宴时，要称赞主人选择的餐厅和菜色，当然，要感谢主人的邀请，这一点绝不能免。

参加酒会时，要称赞酒会的成功，以及你如何有“宾至如归”的感受。

参加会议时，如有机会发言，要称赞会议准备得周详……

参加婚礼时，除了菜色之外，一定要记得称赞新郎新娘的“郎才女貌”……

说“场面话”的“场面”当然不止以上几种，不过一般大概离不了这些场面。至于“场面话”的说法，也没有一定的标准，要看当时的情况决定。不过切忌讲得太多，点到为止最好。

总而言之，“场面话”就是感谢加称赞。如果你能学会讲“场面话”，对你的人际关系必有很大的帮助，你也会成为受欢迎的人。

场面上要注意礼节和措辞

在交际场合与人说话时，不要故作姿态，更不要“皮笑肉不笑”，给人以虚伪的印象。要让对方感到自己热情、实在、值得信任。因此，说话时的动作要适度、端庄，在必要时可做些手势。如果坐着说话，手不要搭在邻座的椅背上，腿不要乱跷、乱晃、随便颤抖，更不要一边说话一边修指甲、剔牙齿、挖耳搔痒等等。

美国人一般性格外向、感情丰富。他们欣赏英俊的外貌，沉着潇洒、彬彬有礼的绅士风度，赞赏幽默机智的谈吐。1960 年，尼克松败在肯尼迪手下，就是因为在电视辩论中风度与谈吐均不如肯尼迪。里根之所以能当上总统，与他在当电影演员时培养出来的潇洒风度和练就的好口才有很大的关系。从外部形象看，年仅 46 岁的高大、英俊的克林顿当然比年纪老迈的老布什占有很大的优势，但老布什是一个很难对付的对手，他是一个老牌政客，在从政经验的丰富与外交成就的显赫这两个方面，克林顿无法同他相比。故而克林顿在 3 次电视辩论中决定采用以柔克刚的办法，不咄咄逼人，不进行人身攻击，要在广大听众面前展示出一个沉着稳重、从容大度的形象。在 1992 年 10 月 15 日第 2 次电视辩论中，辩论现场只设一个主持人，候选人前面都没有讲桌，只有张高椅子可坐。克林顿为了表示他对广大电视观众的尊敬，一直没有坐，并且在辩论中减少了对老布什的攻击，把重点放在讲述自己任阿肯色州州长12年间所取得的政绩上。克林顿的这种以柔克刚、彬彬有礼的做法，立即赢得了广大电视观众的好感。

在最后一次的电视辩论中，克林顿英俊潇洒的姿态、敏捷的论辩与幽默机智的谈吐使他大出风头。他在对老布什的责难进行了有效的反驳以后，很得体地对广大电视观众说：“我既尊敬布什先生在白宫期间的为国操劳，又希望选民能鼓起勇气，敢于更新，接受更佳人选。”话音刚落，掌声雷动。

克林顿要想圆他的总统梦，必须把老布什拉下马。克林顿深知电视辩论的重要：如果在电视辩论中表现出色，加上舆论界广为宣传，就将为入主白宫铺平道路；如果在电视辩论中惨遭失败，那么，他的总统梦将化为泡影。

为了在电视辩论中获胜，克林顿的竞选班子绞尽了脑汁，制订出了有礼有节、以柔克刚的有效的辩论方法。

电视辩论不但可以显示总统候选人的竞选主张，更重要的是还能展示候选人的素质和能力，如形象、风度、思维能力、表达能力、应变能力等。克林顿抓住电视这个受众面最广的传媒，在辩论中以说“礼”话的策略与老布什竞选，赢得了广大选民的信任和支持，也展示了自身良好的风度和形象。

话多不如话少，话少不如话好

在任何场合说话，我们都应该明白一个道理，那就是“话多不如话少，话少不如话好”。一个语言精炼、懂得适时缄默的人，走到哪里都会受人欢迎，而一个不分场合、总是喋喋不休的人，有可能“说多错多”，招人反感。

我们要学会少说话。千言万语也不及一个事实给人们留下的印象深刻。其次，如果想要使你所说的话令人重视，有一个技巧就是少说话。少说话的人有更多的时间静静思考，因此说出来的话更为精彩。我们应该少说话，尤其是当有比我更有经验或者更了解情况的人在座时，如果多说了，就等于自曝其短，同时也失去了一个获得知识和经验的机会。

话要说得少，更要说得好。人不但要学会适时地沉默，还要学会优美而文雅的谈吐。少说话固然是美德，但是人处于社会中，却不能完全不说，也就是说，我们要做到既说得少又说得好。在各种场合，在不该开口的时候，要做到少说话并适当地缄默。在该说的时候，就要注意所说的内容、意义、措辞、声音和姿势，要注意到什么场合说什么话。无论是探讨学问、接洽生意还是交际应酬、娱乐消遣，我们要尽量使自己说出来的话重点突出、具体而生动。

古语说：兵不在多而在精。说话也应以“精”为好。《墨子闲话》中记下这样一个故事：

子禽有一次问他的老师墨子：“多言有好处吗？”

墨子回答说：“青蛙日夜都在鸣叫，弄得口干舌倦，却不为人们所爱听；而晨鸡黎明按时啼，天下不都被叫醒了！多言有什么好处？话要说到点子上才好。”

事实正是如此。

众所周知，我国历史上第一次农民大起义是秦末陈胜吴广发动的。但是，发动这样一次名垂青史的壮举，陈胜只讲了短短几句话：“公等遇雨，皆已失期，失期当斩。借第令毋斩，而戍死者固十六七。且壮士不死即已，死即举大名耳，王侯将相宁有种乎！”总共46个字。

世界上第一架飞机的制造者莱特兄弟（美国）试飞成功后，前往欧洲旅行。在法国的一次欢迎酒会上，各界人士聚集一堂，再三邀请莱特演讲。他盛情难却，只好说：“据我所知，鸟类中会说话的只有鹦鹉，而鹦鹉是飞不高的。”这只有一句话的演讲，博得了经久不息的掌声。说短话是有心理学依据的。德国里登乃尔的《自由演讲的技巧》一书中指出：“听众在45分钟的演讲中，在前15分钟内获得较多的信息，而之后的30分钟则收效甚浅。”因此，演讲人必须努力把演讲稿准备得精炼些。

有人问美国第28任总统伍德罗·威尔逊：“您准备一份10分钟的讲稿，得花多少时间？”

威尔逊回答：“两个星期。”

“准备一份一小时的讲稿呢？”

“一个星期。”

“二小时的讲稿呢？”

“不用准备，马上就可以讲。”

这是怎么回事呢？道理很简单，演讲时间越长，演讲人压缩演讲内容的任务越轻，自然所需准备时间就少了。反之，演讲时间越短，演讲人越得努力压缩文字，力求尽快将主要内容无一遗漏而又清楚地传达给听众，这当然是要多花时间、大伤脑筋了。《红楼梦》中贾元春省亲，见了久别而又热盼的弟弟贾宝玉，百感交集，自然应有一肚子话要说。然而，曹雪芹笔下的元春并未发表长篇大论的思念之辞，而是拉起弟弟的手，只说了一句话：“又长高了……”继之泪如雨下。在这里，元春的话实在说得太少了，但是，却使我们更加强烈地感到了她痛苦的内心活动，收到了“以少胜多”的效果。如果让元春滔滔不绝地说这说那，即使言辞中加上善于表示痛苦的成分，但是人们的心灵也不会如这“又长高了”4字触动得那么剧烈。这是因为能够反复陈述痛苦者，其痛苦尚处于能抑制的状态，而连陈述痛苦都无法坚持者，其痛苦程度一定远胜于前者。

但是，有的人却不懂得“言贵简”这个道理。古今中外，都不乏

“啰嗦而长”的典型：

明朝有个叫茹太素的大臣，给朱元璋写了一个10000多字的奏折，谈的是朝廷应该如何选用人才的问题。朱元璋叫人读给自己听，读了6370个字，还听不出个所以然来，可把朱元璋气坏了。他立即叫人当着文武百官的面，把茹太素打了一顿。

捷克作家雅·哈谢克的名著《好兵帅克历险记》中，有个叫贝赫的书呆子新兵，当连长莫茨中尉问贝赫是哪儿人时，贝赫先用捷克语回答：“下波乌索夫。”接着又用德语重复了一遍。然后自我介绍起来：“那儿有267所房子，1936名捷克居民，位于英琴区，索波特卡县，过去为科斯吉的庄园。圣·叶卡捷林娜区教堂建于14世纪，并由瓦茨拉夫·弗拉吉斯拉夫·涅多利茨基加以修复。有学校、邮局、电报局、捷克贸易铁路站、糖厂、磨坊、锯木场、瓦利哈村、6个节日集市……”正当贝赫没完没了地说得正欢的时候，莫茨中尉猛冲到他跟前，一个接一个地往他脸上扇耳光，同时嘴里还嚷道：“这是第1个节日集市、这是第2个、第3个、第4个、第5个、第6个节日集市……”

朱元璋、莫茨中尉用“打”来罚治“啰嗦而长”者，这种方法当然是不可取的，正确的方法应当是认真研究一下说短话、做短文的学问。否则，很容易闹出这样的笑话来：

一位演说家滔滔不绝地进行了长达3小时的演说。当演说结束，全场爆发出一阵极其热烈的掌声。演说家十分兴奋，下台拉住一个听众问：“您的印象如何？”

那个听众说：“很好。”

演说家更高兴了，追问道：“哪儿最好呢？”

听众说：“最好的就是那句结束语：女士们先生们，我的报告完了。”

试想一下，听了这样的评价，那位演说家岂不比挨打更难受吗？

言语在精不在多。最不会说话的人可能就是喋喋不休的人。要想把话说得“高效”,你就应该言简意赅,让说话对象很快明白你所要表达的意思。

要学会倾听,不要随意插话

在交谈中,每个人都有发言权。但许多人往往过分相信自己的理解能力和判断能力,常常不等别人把话说完就随意插话、打断对方,这是有失礼貌的行为,不但会搅了别人的兴致,还会阻碍别人的思想,破坏别人的情绪,引起别人的反感。

老白在镇上盖了一套两层的楼房,当房子的第二层刚封顶时,几个朋友在他家吃饭。席间,突然来了一位专门安装铝合金门窗的个体户,与老白一见面就递了张名片,并介绍了他做铝合金门窗的优势。老白说:“虽然我们以前不认识,但通过你刚才的一席话,得知你安装铝合金门窗的经验丰富,假如我房子的门窗让你来安装,我相信你能安装,也相信你能做得很好。但是在你今天来之前,我们厂里一名下岗钳工已向我提起过,门窗安装之事已决定由他来做……”

老白的话还未说完,那个个体户便插话了:

“你是说那东跑西走的小杨吧?他最近是给几家安装了门窗,但他那‘小米加步抢’式的做法怎能与我比?”

哎呀!这话不说还好,一说便让老白顿时拿定了主意,接着说:

“不错,他尽管是手工作业,不像你用先进的设备操作,但他目前已下岗在家,资金不够丰厚,只能这样慢慢完善。出于同事之间的交情,我不能不让他做!”

就这样,那个个体户只得怏怏地离开了。

之后，老白对我们说："那个个体户没听懂我的意思，把我的话给打断了。本来，我是暗示他，做铝合金门窗的人很多，不止他一个上门来请求安装。我已打听到了他做门窗多年，安装熟练，且很美观，但他的报价很高，我只是想杀杀他的价格，可他的一番话攻击了我同事小杨的人品，我宁愿找别人，也不要让他来安装我的门窗。"

这本来是一桩很不错的生意，最终却以失败告终，最主要的原因就是那个个体户过于急躁，不等人家把话说完，甚至还没有听懂别人的意思，就打断别人的话头，结果把眼看就要到手的生意给丢了。

谈话是人们进行交流的最佳方式。会说话的人，在别人说话的时候，会很用心地倾听，然后适时地提出自己的意见；而不会说话的人，在别人说话的时候，总是随时摆出一副跃跃欲试的样子，一有机会，马上插嘴。

如果一个人正讲得兴致勃勃，听众也正听得津津有味，而此时你却突然插嘴，在这种情况下，不但说话者对你没有好感，很可能其他人也不会对你有好感。在别人说话的时候，你应该耐心地聆听他人的话，注意不要插话搅了对方的兴致，这时，点头示意比贸然插嘴要好得多。

插话，就像是一把"钩子"，不到万不得已时，最好不要用它。约翰·洛克指出："打断别人说话是最无礼的行为。"所以，在别人说话的时候，你应该：

不要用不相关的话题打断别人的谈话；

不要用无意义的评论扰乱别人的谈话；

不要抢着替别人说话；

不要急于帮助别人讲完故事；

不要为鸡毛蒜皮的小事打断别人的正题；

不要打断他人的话去争论一些毫不重要的细节。

在听别人说话时，假如你真的有没听懂的地方，或者听漏了一两句，也千万别在对方说话的中途突然提出问题，而应该等他把话说完，再提出："很抱歉，刚才中间有一两句你说的是……吗？"如果你在对方谈话中间打断别人："等等，你刚才这句话能不能再重复一遍？"这样，对方就会产生一种受到命令或指使的感觉。

听人说话，务必有始有终。但能做到这一点的人却不多。有些人往往因为疑惑对方所讲的内容，便脱口而出："这话不太好吧！"或因为不满意对方的意见而提出自己的见解，甚至当对方有些停顿时就抢着说："你要说的是不是这样……"由于你的插话，很可能打断对方的思路，使对方忘记真正要讲的话。

总而言之，请你记住一点：不要随意插话，除非说话的人在讲话的时候拖得过长，他的话不再吸引人，甚至令人昏昏欲睡，已经引起大家的厌烦，这时，你打断他倒是做了一件好事。

虽然在别人讲话时，插话是十分不礼貌的，但如果有必要表明你的意见，非要打断讲话，那么你就必须十分注意自己的插话技巧。

1. 如果你不同意对方的看法，一般也不要打断他的谈话。但如果你们比较熟悉，或者问题特别重要，也可以先表示一下态度，待对方说完后再作详细的阐述。

2. 在交谈过程中，如果你想补充另一方的谈话，或者联想到与谈话有关的情况，想即刻作点儿说明，这时，可以对讲话者说："请允许我补充一点"，或者说："我插一句。"然后，说出自己的意见。这样的插话不宜过多，以免扰乱对方的思想。

3. 当你要找交谈者中的某一人处理事情时，可以先给他一些小动作的暗示，他一般会找机会和你讲话。你也可先向他们打个招呼："很对不起，打断你们一下。"当他们停止交谈时，即用尽可能简洁的语言说明来意，一旦事情处理完毕，立即离开现场。

4. 如果你想加入他们的谈话，则可以找个适当的机会，礼貌地说：

"对不起，我可以加入你们的谈话吗?"或者，大方客气地打招呼，叫你的同事互相介绍一下，就能很快打破生疏的感觉。

总之，在与别人交谈的时候，不要随意插话，但如果不得不发表自己的看法，也一定要注意插话的技巧，这样才能始终保持交谈的顺畅与和谐。

锋芒别太露

一个人若是无锋芒，那就是提不起来，所以有锋芒是好事；但如果锋芒太露，就会刺伤别人，这样的人自然也就没什么好人缘，没人缘可不是小问题，它会直接影响到你社交的成败。所以，与人交往时既不要全无锋芒，也不要锋芒毕露，最好是在二者中间找一个平衡点。

凡事都有两重性，即好的一面和不好的一面。同一件事，若从好的方面去理解，便是一件好事；但若从不好的一面去理解，便是一件坏事。人缘的作用正在于此，它有时可以使坏的变好，也可以使好的变坏。假如你人缘好，那么你每做一件事，别人都会津津乐道；即使你做错了事，冒犯了别人，别人也会善意地理解你的过错。生活在如此宽松和谐的环境里，你心里没有负担，处处可以尽情尽兴。但如果你人缘不好，那么你每做一件事别人都会鸡蛋里挑骨头，更不要说做错事、冒犯别人了，即使你处处谨慎小心，事事正确，别人也会不以为然，不拿正眼看你。生活在如此冷漠的环境里，你会觉得自己是一个多余的人，就更不要谈什么欢乐和幸福了。有好人缘的人脚下的路有千万条，反之，便只剩下一座独木桥了。而要想有个好人缘，就不要锋芒毕露、咄咄逼人。

很多时候，我们面对的不一定是大是大非的原则问题，没必要针锋相对。退一步别人过去了，自己也可以顺利通过。宽松和谐的人际关系，可以给我们带来很多方便，又避免了许多麻烦。假如你胸怀鸿鹄之志，可以一心一意去积蓄力量；假如你只想做普通人，就不要锋芒毕露，不要处处表现自己，可以活得从从容容，逍遥自在。可进可退，两头是路，何乐而不为？

有人可能觉得这样做过于世故，过于圆滑了吧？其实不然，这里所说的收敛，实际上是保护个性健康发展、成功实现自我价值的一条捷径。

有多少人由于年轻气盛，爱出风头而处处碰壁，为了适应社会，不得不磨平棱角，令锐气殆尽，最终还是一事无成。有句话不是说“好刀出在刃上”吗？一个人的锋芒也应该在关键时候、必要的时候展露给众人，那时人们自然会承认你确实是一把锋利的宝刀。而不是时不时地拿出来挥舞一番，直杀得别人片甲不留方才甘心。刀刃需要长期的磨砺，只图一时之快，不懂保养，只会令其钝化。

大文豪萧伯纳赢得很多人的尊敬和仰慕。据说他从小就很聪明，且言语幽默，但是年轻时的他特别喜欢展露锋芒，说话也尖酸刻薄，谁要是给他说一句话，便会有“体无完肤”之感。后来，一位老朋友私下对他说：“你现在常常出语幽人之默，非常风趣，但是大家都觉得，如果你不在场，他们会更快乐，因为他们比不上你，有你在，大家便不敢开口了。你的才干确实比他们略胜一筹，但这么一来，朋友将逐渐离开你，这对你又有什么益处呢？”老朋友的这番话使萧伯纳如梦初醒。他感到如果不收敛锋芒，彻底改过，社会将不再接纳他，又何止是失去朋友呢？所以他立下誓言：从此以后，再也不讲尖酸的话了，要把天才发挥在文学上。这一转变造就了他后来在文坛上的地位。

这个例子告诉我们，平时锋芒毕露会使我们众叛亲离，走进死胡同；而适当地收敛锋芒，将才华用到有意义的大事上，积蓄力量，必然会做出一番事业来。

与“锋芒毕露”相对，我们提倡“沉默是金”的处世哲学。林亮被分配到某水产公司后，对单位里同事工作懒散、不思进取的情况实在看不惯。两个月后，他给领导写了一封洋洋洒洒的万言信，直抒胸臆，从上到下批了个遍，对他的这一做法，同事认为“有病”，领导目瞪口呆，结果不到一个月，林亮就被调走了。

一些年轻人到了新单位后，就不分场合地大发议论，无节制地说三道四，大有“初生之犊不怕虎”的精神，但是这种锋芒毕露很可能会使比较主观的领导和同事觉得你傲慢、偏激而产生对你的不良印象。再说，信口开河的浅薄和浮躁也会损害你的形象。你不如保持适当的沉默，这是谦虚友好的表示，也是一种自信和力量的体现，将你的锋芒在工作中显露，以出色的工作成绩和谦逊的作风赢得声誉。与人交往应当含而不露，即便你真比人聪明，也不必张扬着让“地球人都知道”，收敛锋芒、韬光养晦，你才能适应复杂的人际环境，才能有个好人缘。

第二章　把握低调原则，忍让也是一种智慧

做人低调似乎是个老生常谈的话题，但绝对是为人处世的一种智慧。所谓低调，也就是放低自己、抬高别人，可以迅速拉近与他人的距离，避免成为别人的敌对目标。低调做人说起来如此简单，但当一个人功成名就的时候，能做到低调做人的又有几人呢？

遇事低头就没有过不去的坎儿

有了一点儿成绩就洋洋自得，自以为高不可攀，这样的人注定要摔大跟头。更多的人本来就在别人的屋檐下，也就更需要适时低头。民间有一句俗语，叫“人在屋檐下，不得不低头”。就是说，人在力量不如别人的时候，不能不低头退让。这句话，可以说洞彻世事人情，非常有智慧。然而，仔细看这句话的后半句，我们会发现“不得不”一词里隐含着太多的勉强和无奈，这是一种消极的、不情愿的低头。既然是勉强和不情愿的，做起来就不免流露出不满的情绪，这种不满如果让对方看到，很可能会影响你处世的效果。因而，我们要把这句俗语改成“人在屋檐下，一定要低头”。把“不得不”改成“一定要”并不是在玩文字游戏，而是要求权势和力量不如对方的人要积极主动地低下头来，变消极为积极，变不情愿为心甘情愿。

所谓的“屋檐”，通俗点说，就是别人的势力范围，也就是说，只要你在这势力范围之中，靠这势力生存，那么你就在别人的屋檐下了。这屋檐有的很高，任何人都可抬头站着，但这种屋檐不多，以人类容易

排斥的“非我族群”的天性来看，大部分的屋檐都是非常矮的！也就是说，进入别人的势力范围时，你会受到很多有意无意的排斥和限制，以及不知从何而来的欺压，除非你强大到不用靠别人来过日子的程度。即使如此，你也不能保证一辈子都可以如此自由自在，不用在人屋檐下躲避风雨。所以，在人屋檐下的心态就有必要调整了。

所以，只要是在别人的屋檐下，就“一定”要低下头，不用别人来提醒，也不要撞到屋檐了才低头。

“一定要低头”，起码有这样几个好处：首先，你很主动地低下了头，不致成为明显的目标；其次，不会因为头抬得太高而把矮檐撞坏。要知道，不管撞坏撞不坏，你总要受伤的，尽管你的头是“铁”的，但老祖宗早就有“伤敌一千，自损八百”的古训。另外，也不会因为脖子太酸、忍受不了而离开能够躲风避雨的“屋檐”。离开不是不可以，但是必须考虑要去哪里。要知道，一旦离开，再想回来就不那么容易了。在“屋檐”下待久了，就有可能成为屋内的一员，甚至还有可能把屋内人赶出来，自己当主人。

在历史上，各种斗争极其复杂，忍受暂时的屈辱，低头磨炼自己的意志，寻找合适的机会，是一个欲成大事者必不可少的心理素质。西汉时期韩信的忍胯下之辱正是这种“一定要低头”的最好体现。因为他不低头就把自己弄到和地痞无赖同等的地步，奋起还击，闹出人命吃官司不说，还很可能赔上一条小命。

另一种“一定要低头”，属于更高一个层次，就是有意识地主动消隐一个阶段，借这一阶段来了解各方面的情况，消除各方面的隐患，为将来的大举行动做好前期的准备工作。隋朝的时候，隋炀帝十分残暴，各地农民起义风起云涌，隋朝的许多官员也纷纷倒戈，转向农民起义军。因此，隋炀帝的疑心很重，对朝中大臣，尤其是外藩重臣，更是易起疑心。唐国公李渊（即唐高祖）曾多次担任中央和地方官，所到之处，他都有目的地结纳当地的英雄豪杰，多方树立恩德，因而声望很高，许多人都来归附。这样，大家都替他担心，怕他遭到隋炀帝的猜忌。正在这时，隋炀帝下诏让李渊到他的行宫去晋见。李渊因病未能前往，隋炀帝很不高兴，多少有点儿猜疑之心。当时，李渊的外甥女王氏是隋炀帝的妃子，隋炀帝向她问起李渊未来朝见的原因，王氏回答说是因为病了，隋炀帝又问道："会死吗？"

王氏把这消息传给了李渊，李渊更加谨慎起来，他知道隋炀帝对自己起疑心了，但过早起事又力量不足，只好低头隐忍，等待时机。于是，他故意广纳贿赂，败坏自己的名声，整天沉湎于声色犬马之中，而且大肆张扬。隋炀帝听到这些，果然放松了对他的警惕。试想，如果当初李渊不主动低头，或者头低得稍微有点儿勉强，很可能就被正猜疑他的隋炀帝杨广除掉了，哪里还会有后来的太原起兵和大唐帝国的建立？

"一定要低头"的目的，是为了让自己与当时的环境产生和谐的关系，把二者的摩擦降至最低，是为了保存自己的能量，以便走更长远的路，更为了把不利的环境转化成对你有利的力量。这是一种柔软，一种权变，更是最高明的生存智慧。

在人屋檐下是我们经常遇到的情况，它可能会以很多不同的方式出现。当你看到了"矮檐"，请不要"不得不"，而要告诉自己："一定要低头！"

退一步才能进一步

面对矛盾，一般最简单的做法就是用强去争，但可能对方比你还强，你用强人亦用强，结果就不那么妙了。实际上，在聪明人看来，低头不单能缓和矛盾，也能化解矛盾，而争只有在极端的情况下才能解决矛盾，而在多数情况下只能是激化矛盾。在很多事情上，头低一些，退让一步，不但自己过得去，别人也过得去了。产生矛盾的基础不复存在，矛盾自然就化解了。彼此能够相安，离祸端就远了。

明朝年间，在江苏常州地方，有一位姓尤的老翁开了个当铺，有好多年了，生意一直不错。某年年关将近，有一天尤翁忽然听见铺堂上人声嘈杂，走出来一看，原来是站柜台的伙计同一个邻居吵了起来。伙计连忙上前对尤翁说："这人前些时典当了些东西，今天空手来取典当之物，不给就破口大骂，一点儿道理都不讲。"那人见了尤翁，仍然骂骂咧咧，不讲情面。尤翁却笑脸相迎，好言好语地对他说："我明白你的意思，不过是为了度过年关。街坊邻居，区区小事，还用得着争吵吗?"于是叫伙计找出他典当的东西，共有四五件。尤翁指着棉袄说："这是过冬不可少的衣服。"又指着长袍说："这件给你拜年用。其他东西现在不急用，不如暂放这里，棉袄、长袍先拿回去穿吧!"

那人拿了两件衣服，一声不响地走了。当天夜里，他竟突然死在另一人家里。为此，死者的亲属同那人打了一年多官司，害得那人花了不少冤枉钱。

原来，这个邻人欠了人家很多债，无法偿还，走投无路，事先已经服毒。知道尤家殷实，想用死来敲诈一笔钱财，结果只得了两件衣服。他只好到另一家去耍赖，那家人不肯相让，结果就死在那里了。

后来有人问尤翁："你怎么能有先见之明，向这种人低头呢?"尤翁回答说："凡是横蛮无理来挑衅的人，他一定是有所恃而来的。如果在小事上争强斗胜，那么灾祸就可能接踵而至。"人们听了这一席话，无不佩服尤翁的聪明。

中国有句格言："忍一时风平浪静，退一步海阔天空。"不少人将它抄下来贴在墙上，奉为座右铭。这句话与当今商品经济下的竞争观念似乎不大合拍，事实上，"争"与"让"并非总是不相容，反倒经常互补。在生意场上也好，在外交场合也好，在个人之间、集团之间，也不是一个劲儿“争”到底，有时忍让、妥协、牺牲也很必要。作为个人，适当低一下头也是一种宝贵的智慧。即使在市场竞争的条件下，隐忍退让仍然能够提供成功有效的经营策略。比如商人常说的“有钱大家赚”，就是让的一种表现。经营行为本来是以追求利润最大化为原则的；如果你斩尽杀绝，不肯让利，就不会有合作伙伴。极端地说，根本也就不会有商品经济，因为全叫你垄断了，还有什么市场竞争呢？可见市场竞争也是以让为前提的。

学会以隐忍的态度做人

当你还没有充分的实力时，忍耐就具有特别重要的战略意义。在这时候，做大事者，能审时度势，不把那些小耻小辱放在心上。但是，光被动地忍还不行，还必须为了忍后的行动积极做准备。唐太宗李世民在争夺储位的过程中就是保存实力、边忍边动，后来终于达到了自己的目的。

唐高祖李渊建立唐王朝后，太子李建成和齐王李元吉勾结，多次陷害立有大功的秦王李世民，兄弟间一场生死拼杀在所难免。

李世民身边的文臣武将屡次进言，劝李世民早作打算，抢先动手。每到这个时候，李世民便会面现苦容，叹息不止，说：

“我们乃是一母同胞，纵然是他们的不对，我又怎么忍心呢？还是委屈一下吧，时日一长，他们也许会知错能改，一切就烟消云散了。”

别人都十分着急，深怪他心有仁念，坐失良机。李世民对此如若未闻，暗中却把他的心腹将领尉迟敬德等人找来，对他们说：

“你们的好心，我岂能不知？不过现在我们安排未妥，事无头绪，又怎能草率行事呢？事若不密，为人察觉，只怕我们先得人头落地了。

还望各位详作筹划，切勿泄露。”

李世民边忍边动，加紧布置。由于他表面从容，处处示弱，李建成、李元吉果真被欺骗，暗中得意。他们按部就班，一步步地实施整倒李世民的计划，心想假以时日，不愁大事不成。

不久，有报说突厥兵犯境，李建成便保举李元吉为帅，带兵迎敌。齐王请求李渊把秦王李世民的兵马归他指挥，李渊答应了他的要求。李世民和他的文臣武将一眼便看穿了他们的阴谋，李世民见群情激愤，故作痛苦的模样安抚众人说：

“皇上既已同意，看来我只能束手待毙了。这是天意，我又能怎么样呢?”

众人见此，信以为真，不禁泣泪苦劝；有的还要告辞而去，以示抗议。只有几个知情者以目示意，不露声色。

这时又有人进来密告李世民，说太子与齐王早已定下计谋，只等李世民等人给齐王出征送行时，便要密伏勇士，趁机全部杀光，然后太子登位，封齐王为太弟。

众人听罢，情绪更为激动。李世民见火候已到，这才长叹一声，对众人说：

“我是被逼如此，各位都是明证。事已至此，只有先发制人，我们才能铲除强敌，保全性命。”

李世民分兵派将，伏兵于玄武门。第二天，李建成、李元吉上朝在此经过，伏兵齐出，他们二人猝不及防，李建成被李世民射死，李元吉被尉迟敬德砍杀。

没过多久，李渊便让位于李世民。李世民登基为帝，终于实现了他的梦想。

李世民的“成功”告诉我们：以隐忍的心态做人，以积极的态度做事，大事可成。

做个表面上的弱者又有何妨

有些人看上去平平常常，甚至还给人“窝囊”不中用的弱者感觉。但这样的人并不可小看。有时候，越是这样的人，越是在胸中隐藏着高远的志向抱负，而他这种表面“无能”，正是他心高气不傲、富有忍耐力和成大事讲策略的表现。这种人往往能高能低、能上能下，具有一般人所没有的远见卓识和深厚城府。

刘备一生有“三低”最著名，他正是借此奠定了王业的基础。一低是桃园结义。与他在桃园结拜的人，一个是酒贩屠户，名叫张飞；另一个是在逃的杀人犯，正在被通缉，流窜江湖，名叫关羽。而他，刘备，皇亲国戚，后被皇上认为皇叔，却肯与关张二人结为异姓兄弟。他这一低，两条浩瀚的大河向他奔涌而来，一条是五虎上将张翼德，另一条是儒将武圣关云长。刘备的事业，便从这两条河开始汇成汪洋大海。

二低是三顾茅庐。为一个未出茅庐的后生小子，前后三次登门求见。不说身份名位，只论年龄，刘备差不多可以称得上长辈，这长辈喝了两碗那晚辈精心调制的闭门羹，毫无怨言，一点儿都不觉得丢了脸面，连关羽和张飞都在咬牙切齿。这又一低，一条更宽阔的河流汇入他宽阔的胸怀，一张宏伟的建国蓝图，一个千古名相。

三低是礼遇张松。益州别驾张松，本来是想卖主求荣，把西川献给曹操的，但曹操自从破了马超之后，志得意满，骄人慢士，数日不见张松，见面就要问罪。后又向他耀武扬威，引起对方讥笑，又差点儿将其处死。刘备派赵云、关云长迎候于境外，自己亲迎于境内，宴饮三日，泪别长亭，甚至要为他牵马相送。张松深受感动，终于把本打算送给曹操的西川地图献给了刘备。这再一低，西川百姓汇入了他的帝国。

最能看出刘备与曹操交际差别的，要算他俩对待张松的不同态度了：一高一低，一慢一敬，一狂一恭。结果，高慢狂妄者失去了统一中国的最后良机，低敬恭歉者得到了天府之国的川内平原。

在整个过程中，刘备胸怀大志，却平易近人，礼贤下士，慢慢地成就了自己的基业。与之相反，曹操心高气傲，目中无人，白白丢掉了富饶的天府之国，并且还因此耽误了统一中国的大计。单从这一点上看，刘备是真英雄，虽然他没有所谓的气势架子；而曹操则一副狂徒之态，傲气冲天，耀武扬威。他因此吃了大亏，其实一点儿都不冤。

一个人，无论你已取得成功还是还没有出师下山，其实都应该谨慎平稳，不惹周围人不快；尤其不能得意忘形，狂态尽露。特别是年轻人初出茅庐，往往年轻气盛，这方面尤其应当注意。因此心气决定着你的形态，形态影响着你的事业。

所以说，懂得胜不骄、有功不傲的人是真正懂生活、会做事的人，他们会因此而成为强者，成为前途平坦、笑到最后的人。

控制即将爆发的激动情绪

人与人之间经常会产生矛盾，有的是因为认识的水平不同，有的是因为对对方不了解，有的是原本存有某些偏见和误解。如果你有较大的度量，以谅解的态度对待别人，忍住最容易爆发的激动情绪，这样你就可能赢得时间，矛盾也可能得到缓和。

爱因斯坦博士是受全世界人尊敬的人，他是全球数学、物理方面无可争议的专家。这位创造相对论和原子理论的人，竟然也咽下过一口“气”。有一天，他上汽车后，正想一个问题，数错了钱。售票员大声讽刺他：“你这么大个人，会不会算数呀！”爱因斯坦一笑置之：“不会就不会吧！”

在社交的过程中，由于偏见和误解常常会使一方伤害另一方。假设另一方耿耿于怀，那关系就无法融洽；如果受伤害的一方有很大的度量，不念旧恶，那会使原先持偏见者的心灵受到震动。

度量问题不是个无关紧要的小问题。度量如海还是度量如杯，在重要关头，它就可以关系到事业的成败。为一点儿小事斤斤计较，争吵不休，既伤害了感情，影响了友谊，也无益于你成大事，结果不是双赢而是两败。因此，摒弃个人成见，不在社交场合为区区小利争斗，不为炫耀自己而去贬低他人，发扬一点儿忍让精神，对许多事情进行“冷处理”，摆脱相互之间无原则的纠缠和无必要的争执，不计较一切无关大局的小事……那么，你的风度将会获得社交场合中众人的青睐，你的事业也会如虎添翼，收到双赢的效果。

有位爱尔兰人名叫欧·哈里，上过卡耐基的课。他受的教育不多，可是很爱抬杠。他当过人家的汽车司机，后来因为推销卡车不顺利，来求助于卡耐基。听了几个简单的问题后，卡耐基就发现他老是跟顾客争辩。如果对方挑剔他的车子，他立刻会涨红脸大声强辩。欧·哈里承认，他在口头上赢得了不少的辩论，但没能赢得顾客。他后来对卡耐基说：“在走出人家的办公室时我总是对自己说，我总算整了那混蛋一次。我的确整了他一次，可是我什么都没能卖给他。”

所以，卡耐基的难题是如何训练欧·哈里自制，避免争强好胜。

欧·哈里后来成了纽约怀德汽车公司的明星推销员。他是怎么成大事的？这是他的说法：“如果我现在走进顾客的办公室，而对方说：‘什么？怀德卡车？不好！你就是送我我都不要，我要的是何赛的卡车。’我会说，‘老兄，何赛的货色的确不错，买他们的卡车绝错不了，何赛的车是优良产品’。”

“这样他就无话可说了，没有抬杠的余地。如果他说何赛的车子最好，我说没错，他只有住嘴了。他总不能在我同意他的看法后，还说一下午的何赛车子最好。我们接着不再谈何赛，我就开始介绍怀德的优点。

“当年若是听到他那种话，我早就气得脸一阵红、一阵白了，我就会挑何赛的错，而我越挑剔别的车子不好，对方就越说它好。争辩越激烈，对方就越喜欢我竞争对手的产品。

“现在回忆起来，真不知道过去是怎么干推销的！以往我花了不少时间在抬杠上，现在我守口如瓶了，果然有效。”

正如明智的本杰明·富兰克林所说的：

“如果你老是抬杠、反驳，也许偶而能获胜，但那只是空洞的胜利，因为你永远得不到对方的好感。”

因此，你自己要衡量一下，你是宁愿要一种字面上的、表面上的胜利，还是要别人对你的好感？你可能有理，但要想在争论中改变别人的主意，一切都是徒劳。那就不妨试试先咽下一口气再说。

要明白人生的风险无处不在

有这样一个颇有深意的寓言：

一个生前十分胆小、一辈子担惊受怕的灵魂，来到了万能的上帝面前，请求他给自己一个最安全、最快乐的来世之身。

上帝说：“那你就去做人吧。”“做人有风险吗？”灵魂问。“有，勾心斗角、残杀、诽谤、夭折、瘟疫……”上帝答道。“另换一个吧！”“那就做马吧！”“做马有风险吗？”“有，受鞭笞、被宰杀……”他又要求换一个。换成老虎，得知老虎也有风险。“啊，恕我斗胆，看来只有上帝您没风险了，让我留在您身边吧！”这个灵魂突然请求道。上帝哼了一声："我也有风险，人世间难免有冤情，我也难免被人责问……"说着，上帝顺手扯过一张鼠皮，包裹了这个魂灵，把他推到凡间："去吧，你做它正合适。"

这个寓言的含义也许有许多，但我们首先能从中感到这样一层意思，那就是在任何一种生命的历程中，风险几乎无处不在，无时不有。妄想处于一个没有风险的世界，只能是天外奇谈。

那么，既然如此，对于这种冷酷的现实状况，我们必须拿出一个切实有效的对策来。

惧怕风险和打击是我们面对社会的一种强烈的恐惧心理，如果一个人从孩童时期就被灌输这种恐惧感，那么这种十分不利的心理因素往往将终生陪伴着你，这样，对于风险，你将始终处于一种被动挨打的境地。这显然将大为不妙。

而许多站在成功之巅的人则会放言：世界上根本不存在什么风险和失败；所谓的外来打击，那只是因为自身太弱小的缘故。

这种说法虽然自有其一定的道理，但毕竟也属于"过来人"站着说话不腰疼的表现。对于普通人而言，必须承认风险和打击的客观存在，在人生的征战过程中，既不能因此而畏首畏尾，缩手缩脚，也不能目空一切，不加防范。前者将使人一事无成，后者将导致"光荣率"极高。这两种错误的认知和行为，实际上正是人生状况的两种极端表现，都是我们应该力求避免的。

尽量不做出头的椽子

生活中有句俗语，叫做"出头的椽子先烂"，说的是一种为人不可太露的道理。《庄子》中的"直木先伐，甘井先竭"说的也是这个道理：挺拔的树木容易被伐木者看中，甘甜的井水最容易被喝光。同样，在人生的竞技场上，不加选择而处处锋芒毕露的人很容易受到伤害。

当然，人要向着胜利的终点奋斗。“显露才华”作为一种必要的进取手段，还是要施行的，但一定要掌握好时机。同时，“露”还要掌握一定的方法和技巧，否则，容易招致忌妒和猜疑，使人在进取的道路上增添不必要的麻烦和阻力，自身的才能也无法充分地“露”出来。另外，“露”是为了做好事，而非显出别人的能力低，恃才放旷。目中无人不可取。简言之，即态度要端正。

三国时，曹操军营中有个主簿，名叫杨修，才华横溢，思维敏捷，但后来却因恃才放旷，最终被曹操以造谣惑众、扰乱军心之罪而斩首。

曹操曾建造一个园子，造成后，曹操去看时，没有发表任何意见，只挥笔在门上写了一个大大的“活”字，众人不解，只有杨修说：“门里添个‘活’字，就是‘阔’了，丞相嫌这园门太阔了。”众人这才恍然大悟，工匠赶紧翻修，又过几日，曹操再来看时，见园门按自己的意思改了，心里非常高兴。但是当他得知是杨修把他的意思猜透时，嘴上不说，心里却已经开始妒忌杨修了。

古语云：“木秀于林，风必摧之；堆出于岸，流必湍之；行高于人，众必非之。”杨修便是那秀于林之木，然而他“秀”得有些不是地方。他总是在无关紧要的地方炫耀自己的才能，以致招来曹操的妒忌，才能用错了地方反而加速了失败。曹操本拟炫耀自己的心计，可是屡次被点破，曹操焉能不怒，怎会容他。于是，推出去，斩！

后人有两句诗叹杨修之死，诗曰：“身死因才误，非关欲退兵。”这两句诗可说是一语道破杨修的死因。老子曾说过一段话，“不自见，故明；不自是，故彰；不自伐，故有功；不自矜，故长。”也就是说，为人要谦虚诚恳，不可锋芒毕露，盛气凌人。

看来，露与不露，关键在“度”，在时机来临的时候，抓住机遇露一把，就可能一鸣惊人，功成名就。切不可露而无方，否则一步不慎，就可能事事不顺，陷入困境。这一点，杨修的例子或许能给我们带来一些现实的启示。

在现实生活中存在着这样一种自视颇高的人，他们锐气十足，锋芒毕露，处事不留余地，处处咄咄逼人。他们往往有着充沛的精力，很高的热情，也有一定的才能，但这种人却往往在人生旅途上屡遭波折。有一位分配到某单位的大学生，他下车间伊始，就对单位的这也看不惯，那也看不顺，未到一个月，他就给单位领导上了洋洋万言的意见书，上至单位领导的工作作风与方法，下至单位职工的福利，都一一综列了现存的问题与弊端，提出了周详的改进意见。他的所作所为招来了众人的妒忌和排斥，结果被退回学校再作分配。

作为一个只知锋芒毕露而不知自我防护的典型，这位大学生由于在工作上不注意讲究策略与方式，结果不仅妨碍了个人才能最大限度地服务于社会，还招来了妒忌和排斥。

柔以避祸，忍以挡灾

在福祸还未来临时如果可以被觉察到，那么我们就可以提前预防，并在危险没有形成的时候就避开它，这是需要大智慧的。通常人们都是在危险萌芽的时候茫然不知，而在危险来临的时候束手无措。若是掌握了柔与忍的做人哲学，在平时就能够谨慎处世，小心做人，敏感地觉察到事物的变化，那就可以把灾祸化于无形了。

秦始皇手下的大将王翦是一个战功赫赫的人才，始皇十一年，王翦带兵攻打赵国的阏与，不仅攻陷，还一口气拿下了9座城邑。始皇十八年，王翦领兵攻打赵国，只用了一年多的时间就攻占了赵国，逼迫赵王投降，赵国变成了秦国的一个郡。第二年，燕国派荆轲刺杀秦始皇，暴怒的始皇派王翦攻打燕国，王翦顺利地平定了燕国的都城蓟后胜利而回，燕王喜被迫逃往辽东。

王翦深受秦始皇的信任和重用，一生都功名显赫。

有一次，王翦率领60万大军去攻打楚国，秦始皇亲自到灞上相送，他斟了满满一杯酒给王翦，说："老将军请满饮此杯，祝早日平定楚国，到时朕亲自给将军接风洗尘。"

王翦谢过始皇，将酒一饮而尽，说："陛下，战场之上，刀剑无情，老臣临行前有一个请求，不知当说不当说?"

秦始皇说："老将军但说无妨。"

王翦就向秦始皇请求赏赐良田宅园，始皇笑道："老将军是怕穷啊?寡人做君王，还担心没有你的荣华富贵?"

王翦说："做大王的将军，能人太多了，有功最终也得不到封侯，所以大王今天特别赏赐我临别酒饭，我也要趁此机会请求大王的恩赐，这样我的后代子孙就不愁没有家业了。"

秦始皇听了哈哈大笑。

王翦到了潼关，又派使者回朝请求良田赏赐，一连5次。秦始皇身边的人都担心他会发怒，但是秦始皇神色未变，反而看上去有些喜色。

王翦的心腹对他说："将军这样做会不会太过分了？哪有这样朝君主要田要地的？难道不怕皇帝怪罪吗?"

王翦说："不，皇上为人狡诈，不轻信别人。现在他把全国的军队都交到了我手上，心里一定有所顾忌。我多次请求田产作为子孙的基业，让他以为我是个贪图钱财的人，而不是贪图王位权势，那他就不会对我有所猜忌了。"

王翦识人精到，而做人的策略更是圆融柔婉，能在猜忌心很重的秦始皇手下得到重用数十年，真的不是件容易的事啊。

自古以来，为人臣子的对于君王来说就像一把双刃剑，用得好了是杀敌防身的利器，用得不好了就是夺权篡位的逆贼。所以当君主的对于战功、军权过大的臣子都免不了猜忌，有时候也难免要杀死有功之臣以防他谋位篡权。

汉朝萧何的功劳很大，有个门客就对他说："满朝之中您的功劳最大，已经没有什么封赏配得上您了。而且您还得到百姓们的拥护，现在皇帝在外打仗，还几次问起您在做什么，他这是怕您谋反啊。"萧何深以为然，他就按照门客的计策，多买田产多置房宅，还做了一些损害自己声誉的事情。等汉高祖回来时，看到百姓拦路控告萧何，反而十分高兴。

商纣王宠幸妲己，沉湎于歌舞酒宴之中，对那些忠言直谏的人施以炮烙的刑罚。臣民们都感到世界末日就要到了，人们甚至相信妲己是狐狸精变的，她到世上来就是要让纣王亡国。

因为通宵达旦地饮酒作乐，纣王忘记了此刻是何年何月何日，他就问宫中的侍从："今天是什么日子？我怎么连日子也记不住了？"

侍从回答说："小的也忘记了。总之，千秋万岁，都是大王的好日子。"

纣王说："你去问问箕子，看他知不知道。"

箕子，名胥余，是纣王的叔父。他性情耿真，有才能，在朝中担任太师，辅佐朝政。他看见纣王用象牙筷子，就叹息说："用了象牙筷子，就要有玉做的碗来配；有了玉做的碗，吃的东西就会追求珍奇。这就是奢华的开始啊。"

当侍从去问箕子的时候，他正在和朋友议论朝政，人人满腹心事，脸色阴沉。听了侍从的问话，箕子十分不解："这……怎么想起问这个？"

侍从说明了情况，说："大王记不得了，小人也记不得了，大王就让小人来问太师，说太师是一定记得的。”

箕子怔了半晌，最后才说：“你回去告诉大王，就说我喝了酒，也不记得了。”

侍从依言回去复命。

朋友问箕子：“你怎么会连日子都记不得了？”

箕子长叹一声：“度日如年，何尝不记得？只是身为一国之主，连日子都记不得了，那国家也就危在旦夕了。可是国主都不记得，下面的人也都不记得，却只有我知道，那我的危险也就要来临了。”

后来，纣王变得越发荒淫残暴，箕子多次劝谏，纣王就把他关了起来。周武王灭纣后，放出了箕子，问他如何才能得到商朝百姓的拥戴。箕子说要施仁政，多安抚。但是他自己却不愿做周朝的臣子，就远渡朝鲜，在那里建立了国家。

箕子的做法和王翦、萧何有着异曲同工之妙，他们采用的是韬光养晦的办法，用的是柔忍的做人策略，从而保住自己的身家性命。这是明哲保身之道，也是柔忍处世之法。

吃亏便是受益

人言大智若愚，越是有大智者，越是装出一副呆傻的样子。因此，这些人也越容易被那些自认聪明者捉弄。殊不知到最后却常常是捉弄人者反自找麻烦。

唐代寒山与拾得两位智者曾有过这样的一段对话。

一日，寒山对拾得说：“今有人侮我、笑我、藐视我、毁我伤我、嫌恶恨我、诡谲欺我，则奈何？”拾得回答说：“但忍受之，依他、让他、敬他、避他、苦苦耐他、不要理他。且过几年，你再看他。”

由此可推想，那种高傲不可一世的人的结局一定是够尴尬的了，而我们也一定可以想象得出拾得的胜利的微笑——尽管这可能是一种超脱圆滑的微笑。不过，它的确会给我们的生活带来一些好处。

“扑满”，就是我们常常说的用瓷或泥做的硬币储蓄盒。在小的候，我们常将父母给的一些零用钱放进去。当这个储蓄盒装满的时候，我们就将这储蓄盒打破，而将其中的钱取出来。然而，当它是空的时候，它却可以保全它的自身。

所以，如果我们知道福祸常常是并行不悖的，而且明白福尽则祸亦至，而祸退则福亦来的道理，因此，我们真的应该采取“愚”、“让”、“怯”、“谦”这样的态度来避祸趋福。

“吃亏”往往是指物质上的损失，但是一个人的幸福与否，却往往是取决于他的心境如何。如果我们用外在的东西换来了心灵上的平和，那无疑是获得了人生的幸福，这便是值得的。所以，该糊涂、该舍弃的时候就必须糊涂、舍弃。

若一个人处处不肯吃亏，处处都想占便宜，于是便会骄心日盛。而一个人一旦有了骄狂的态势，难免会侵害别人的利益，于是便起纷争，在四面楚歌之下，又焉有不败之理?

因此，人最难做到的就是在“吃亏是福”的前提下，认识到两点，一个是“知足”，另一个就是“安分”。“知足”则会对一切都感到满意，对所得到的一切，内心充满感激之情；“安分”则使人从来不奢望那些根本就不可能得到的或根本就不存在的东西。没有妄想，也就不会有邪念。所以，表面上看来，“吃亏是福”以及“知足”、“安分”会让人有不思进取之嫌，但是，这些思想也是在教导人们能成为一个对自己有清醒认识的人，做一个清醒的正常人。因为，一个非常明白的常识——即不需要任何理论就可以证明的——是，一切的祸患不都是由于人们的“不知足”与“不安分”，或者说是不肯吃亏而引起的吗?

大多数人总是相信一切都能通过人们的努力而得到改变，但也有些人却认为，人的一切努力都是徒劳的。这两种不同的思想放在一起，就产生出中国传统思想中的一种不朽的东西，即宁肯吃一些亏也要换来非常难得的和平与安全。而在此和平与安全时期之内，我们可以重新调整我们的生命，并使它再度放射出绚丽的光芒。

而善于吃亏的人一般平安无事，而且一般不会吃大亏，从长远来看，反而是一种受益。相反，总爱贪便宜的人最终不会得到真正的便宜，而且还会留下骂名，甚至因贪小便宜而毁了自己，这就是所谓的恶有恶报。

在中国传统思想中，有“吃亏是福”一说。这是哲人们所总结出来的一种人生观，它包含了愚笨者的智慧、柔弱者的力量，带来的是人生的豁达和由吃亏忍让而带来的安详与宁静。与这个貌似消极的哲学相比，一切所谓积极的哲学都会显得幼稚与不够稳重，以及不够超脱与圆滑。

“吃亏是福”的信奉者，同时也一定是一个“和平主义”的信仰者。林语堂在《生活的艺术》一书中，对所谓的“和平主义者”这样写道：“中国和平主义的根源，就是能忍耐暂时的失败，静待时机，相信在万物的体系中，在大自然动力和反动力的规律运行之上，没有一个人能永远占着便宜，也没有一个人永远做‘傻子’。”

第三章　不要在言行上贬低任何人

有的人你看到了他的今天，但却无法预料他的明天；有的人看起来不起眼，但却可能是深藏不露的高人；有的人只是没权没势的小人物，但有时却能起到关键性的作用……所以不要小瞧任何人，每个人都有他的独特之处、聪明之处，小瞧别人说不定什么时候你就会吃大亏。如果你能够做到待人谦和、敬人如师，那你的人生路上就会少几分阻力，多几分顺畅。

不要单以相貌衡量他人

一些人很不起眼，甚至有某方面的缺陷，但这样的人未必就会成为生活中的失败者，他们往往生活得更好、事业更成功！

美国最受爱戴的总统罗斯福，8 岁时，他的身体虚弱到了极点，目光呆钝，脸上露着惊讶的神色，牙齿暴露唇外，不时地喘息着。每当学校里的老师唤他起来读课文，他便颤巍巍地站起，嘴唇翕张，吐音含糊而不连贯，然后颓然坐下，生气全无，真是低能儿童的典型。老师虽然很同情他，却也认为他这一辈子大概只能这样度过：神经过敏，如果稍受刺激，情绪便受影响，处处恐惧畏缩，不喜欢交际，顾影自怜，毫无生趣。然而事实是怎样的呢？罗斯福渐渐地克服了自己的缺点，在他进入大学之前，他已是一个人们乐于接近、精神饱满、体力充沛的青年了。他经常在假期中到亚烈拉去追逐野牛，到洛矶山去狩猎巨熊，到非洲大陆去猎狮子。后来他又胜任了军队的艰苦生活，带领马队，在与西班牙的战争中功绩显赫。他的老师和同学恐怕做梦也想不到那个畏畏缩缩的低能儿，最后竟然成为美国历史上最伟大的总统之一。

有一句老话叫“人不可貌相，海水不可斗量”。单看一个人的外貌就断定他是否有前途，是一件愚蠢的事。比如名模吕燕，她虽然身材高挑，面孔却很难称得上“靓丽”——细眉、眯眯眼、宽鼻、厚嘴唇。她刚出道时，一些模特经纪公司拒绝和她签约，认为她的容貌难登大雅之堂，吃不了模特这碗饭，但最后吕燕却成为了世界名模。生活中，总有人喜欢以貌取人，小看那些外表上有缺憾的人，其实缺憾有时也是一种动力，能帮助人们更快地走向成功。

许多人喜欢看 NBA 的夏洛特黄蜂队打球，特别喜欢看 1 号博格士，他的身高只有 1.6 米，在东方人里也算矮子，更不用说在即使是身高两米都嫌矮的 NBA 了。据说博格士不仅是现在 NBA 里最矮的球员，也是 NBA 有史以来破纪录的矮子。但这个矮子可不简单，他是 NBA 表现最杰出、失误最少的后卫之一，不仅控球一流，远投精准，甚至在高个队员中带球上篮也毫无所惧。

每当人们看到博格士像一只小黄蜂一样，满场飞奔，他们心里总忍不住赞叹。其实他不只安慰了天下身材矮小而酷爱篮球者的心，更为自己赢得了广大观众的敬慕之情。

博格士是不是天生的好手呢？当然不是，他凭借的是意志与苦练。博格士从小就非常热爱篮球，几乎天天都和同伴在篮球场上玩耍。当时他就梦想着有一天可以去打 NBA，因为 NBA 的球员不只是待遇非常高，而且也享有风光的社会评价，是所有爱打篮球的美国少年最向往的梦。每次博格士告诉他的同伴：“我长大后要去打 NBA。”所有听到他话的人都忍不住哈哈大笑，甚至有人笑倒在地上，因为他们“认定”一个 1.6 米的矮子是绝不可能到 NBA 去打球的。

在别人的讽刺声中，博格士的球艺却突飞猛进了，最后终于成为全能的篮球运动员，也成为最佳的控球后卫。他充分利用自己矮小的优势：行动灵活迅速，像一颗子弹一样；运球的重心偏低，不会失误；个子小不引人注意，抄球常常得手。原来看不起博格士的那些人，最后都成了他的忠实球迷。

1.6米的身高，对一个球员来说确实是一个很严重的缺憾，因此当博格士说出想去NBA打球的愿望时，遭到了众人的嘲笑。但博格士却没有理会这些刺耳的声音，反而更加勤于练球，终于成为了一代篮球巨星，他的缺憾也成为了他的长处。博格士的经历告诉我们：人有无穷潜力，当他潜心去做一件事时，他就有可能战胜自身的缺憾，取得成功。

有人说了个形象的比喻：每个人都是上帝亲手从树上摘下的苹果，但每个人都不太完美，因为有的苹果被摔伤了，有的被上帝咬了一口，而那些有缺憾的人是上帝最喜爱的人，因为他们被咬了大大的一口。上帝很公平，有缺憾的人常常是内在最丰富的人，因此千万不要小瞧他们，他们都是上帝的宠儿。

要明白任何人都不是傻瓜

每个人都觉得自己很聪明，看别人的时候却觉得对方总是很傻，很容易就上当，并因此而自鸣得意。其实谁都不是傻瓜，当一个人小瞧别人、不尊重别人时，别人也不会接受他。

有一个医生，医术很高明，他在自己所在社区开了一个小诊所，因为街坊邻居都很相信他的医术，所以生意很不错。后来为了增加利润，医生就动起了歪脑筋。病人来买药时，他总是尽量多开药，维生素类的药吃了也不会死人，所以常常一开一大包；病人来诊所输液时，他却暗中减少剂量，这样病人只好多打几瓶；除此之外，他还总向病人推荐一些价格昂贵的药，明明吃药也可以痊愈的人，他却让人输液……半年以后，来诊所看病的人越来越少了。有一天，他去社区的小公园散步，正好听见几个邻居聚在一起聊天："去他那里看病？算了吧，我宁愿打车去医院。""真是的，诊所越办越黑，同样的病，我家老头子在医院打了两针就好了，可到了他那里……""更可气的是，他总给乱拿药，上次我得了肺部感染，他偏给我拿很多维生素，我是不懂得这些，可我表姐夫是市医院的大夫，想骗我！我看哪，他是把咱们都当傻子了！"……医生再也听不下去了，他羞愧得满脸通红，转身就走了。当然他的诊所过了不长时间也停业了。

千万别小瞧别人的判断力，不要以为别人都是很好骗的，你这样做是在自欺欺人。故事中的医生就有必要学学怎样尊重别人，他给人开高价药，减小药量……还天真地以为不会被人发现，以为所有的病人都会乖乖地上当，弄虚作假、不尊重别人导致的直接后果就是被人们拒绝。小瞧别人的人，别人也会看不起他，正像站在镜子前一样，你怒他也怒，你笑他也笑，一切都取决于你的态度。

豪华·哲斯顿被公认为是魔术师中的魔术师。40 年间，他游走于世界各地，不停地创造幻象，所有观众都被他神奇的表演所深深吸引。40 年来共有 6000 万人买票去看过他的表演，他赚了几乎 200 万美元的利润。

豪华·哲斯顿最后一次在百老汇上台的时候，卡耐基花了一个晚上待在他的化妆室里，想请哲斯顿先生告诉他成功的秘诀。哲斯顿告诉卡耐基，关于魔术手法的书已经有好几百本，而且有几十个人跟他懂得一样多，因此，他的成功并不是因为他的魔术手法与众不同。

但他有两样东西，其他人则没有。第一，他能在舞台上把他的个性显现出来。他是一个表演大师，了解人类天性。他的所作所为，每一个手势，每一个语气，每一个眉毛上扬的动作，都在事先很仔细地预习过，而他的动作也配合得分毫不差。第二，就是他十分尊重观众。他告诉卡耐基，许多魔术师会看着观众对自己说：“坐在底下的那些人是一群傻子，一群笨蛋，我可以把他们骗得团团转。”但哲斯顿的方式完全不同。他每次一走上台，就对自己说：“我很感激，因为这些人来看我表演。我要把我最高明的手法，表演给他们看。观众可不是傻瓜，只要我出一点儿错，他们马上就会发现的，所以我要认真再认真。”

他说，他没有一次在走上台时，不是一再地对自己说：“我爱我的观众，我爱我的观众。”也正因为有了对观众的尊重，才使得他的表演更具吸引力。

豪华·哲斯顿完全掌握了做人的一项重要原则：小瞧别人的人，是不会受到别人的尊重和认可的。他尊重他的每一位观众；对他来说，魔术不是唬骗观众，而是与观众交流感情的工具，因此他博得了观众的好感，在魔术表演上取得了巨大的成功。他的魔术表演，并不特别比别人的魔术师神奇，但他对观众的尊重却帮了他大忙。观众是敏感的，台上的魔术师是以怎样的态度对待他们的，他们立刻就可以感觉得到。

然而在生活中，很多人却容易犯小瞧别人的毛病，他们总把别人想成笨蛋，这种态度就导致他们在行动时对人表现得不尊重，而不尊重别人的后果就是使自己不被认可。要想获得别人的友谊或感情，就要用心去改善自己的态度，并增进能让别人喜欢自己的品质，而这品质中最重要的一条便是学会尊重别人。

请记住，任何人都不是傻瓜，不要试图耍弄别人。尊重别人你才会被人尊重，你的事业才会蓬勃发展，你的人生才会圆满如意。

不要看轻所谓的失败者

很多人都瞧不起失败者，认为只有成功的人才值得尊敬，但事实上根本就没有所谓的失败者，他们只不过是没有找到适合自己的路而已。

看看这些人，他们都曾经是人们眼中的失败者：著名诗人济慈本来是学医的，在医学院里他的成绩非常差，常常受到同事的嘲笑。但后来他发现自己有写诗的才能，就放弃了学医，把自己的整个生命都投入到写诗当中。虽然他只活了20几岁，但却为人类留下了许多不朽的诗篇；马克思年轻时，曾是一名诗人，但他写出来的诗却被人称为是“胡闹的东西”。幸好很快他就发现了自己的长处，便放弃了做个诗人的梦想，转到社会担任合唱演员，但却常常跟不上拍子，几次受到剧团成员的嘲笑，他也明白了自己并没有唱歌的天赋。于是就退出合唱队，投身于写作，结果成为了著名的作家。如果他们没有找到适合自己的路，那他们就会成为人们口中的庸医、恶俗诗人和三流演员。

不要看轻失败者；每个生命都具有生存的力量，每个生命也都有自我发展的空间。

在求学的道路上，派瑞斯一直遭遇失败与打击，他高中时的老师还曾经对他的母亲说：“派瑞斯恐怕不适合读书，他的理解能力实在太差了。说实话，我都想不出这孩子将来能做什么。”

派瑞斯的母亲听见老师这么说，非常伤心失望，她带着派瑞斯回家，决定要靠自己的力量，好好地培养他成材。

但是，不管母子俩怎么努力，派瑞斯对于读书实在是“心有余而力不足”，但孝顺的他为了安慰母亲，即使读得再吃力，也从来没有放弃过。

这天，读书读得心烦的派瑞斯，路过了一家正在装修的超市，发现有个人正在超市门前雕刻一件艺术品。

没想到，派瑞斯这一看居然看得出神，停下脚步好奇而用心地观赏着，且产生了无比的兴趣。

此后，母亲发现派瑞斯只要看到一些木头或石头，便会认真而仔细地按照自己的想法去打磨、塑造，但是对于读书一事，却开始放弃了。

母亲着急地劝他，最后派瑞斯不得不听从母亲的叮咛继续读书，只是已经着迷于雕刻世界的他，却一直无法放下手中的雕刻刀。

他最终还是让母亲彻底失望了，当落榜通知单寄到家中，母亲对他说："你走自己的路吧！你已经长大了，没有人必须再为你负责。"昔日的同学也都讽刺他说："废物就是废物，怎么样扶他也是站不住的！"

派瑞斯知道，自己在母亲和所有人的眼中都是个彻底的失败者，他在难过之余做了最后的决定，要远走他乡，寻找自己的未来。

许多年后，有座城市为了纪念一位名人，决定在市政府门前广场上放置名人的雕像，当地的雕塑师纷纷献上自己的作品，希望自己的大名也能与这位名人联系在一起。

但是，最后评选的结果，却是一位远道而来的雕塑师胜出。

在落成仪式上，这位雕塑大师发表了讲话："我想把这件雕塑作品献给我的母亲，因为，我读书时无法实现她的期望，我的失败更令她伤心失望过。但是，现在我想告诉她，虽然大学里没有我的位置，可是，现在我总算找到了一个成功的位置。母亲，今天的我绝对不会让您失望了。"

原来这位雕塑大师竟然是派瑞斯。他的同学和亲友都惊讶得目瞪口呆，说不出话来，而站在人群中的母亲更是喜极而泣，她终于明白了，儿子原来并不笨，只不过是一直没有找到一条适合自己的路。

当派瑞斯的同学放肆地嘲弄他时，他们一定没想到"废物"竟然会变成雕塑大师；当派瑞斯的母亲让儿子去走自己的路的时候，她实际上已经放弃了他，认为他这一辈子也不会有什么出息。但派瑞斯却出人预料地取得了成功。其实这世界原本就有属于每一个人站立的位置，也有适合每一个人走的路，只不过有人很幸运地一下子找到了，有人还在跌跌撞撞地摸索而已。

不要小瞧任何人，因为即使是失败者，说不定什么时候他们就会出人预料地获得成功。

总想着占人便宜的人会吃大亏

有这样一个寓言：狐狸莫顿看见一户人家的窗户上挂着一串香肠，它馋得口水都流了下来。怎么才能吃到香肠呢？这时它注意到了院里的狗，它狡猾地想："我只要三言两语就能让那只蠢狗把香肠送给我！"于是狐狸就和狗套起了近乎，最后它说："兄弟，看到那串香肠了吗？你那吝啬的主人是不会给你吃的。我替你望风，你把它偷出来大吃一顿多好！"狗想了想，就让狐狸跟它进院，"到草地那等着，我偷下来后就跟你会合。"狐狸刚走到草堆就一声惨叫，它被一只捕鼠夹夹住了，而主人则跟着狗走了出来，一枪就把狐狸打死了。

生活中，很多人都想着要占点儿别人的便宜，似乎别人都不如自己聪明，但他们小瞧别人的代价就是"搬起石头砸了自己的脚"。

两个城里人和一个乡下人一起旅行，但他们的食物很快吃光了，只剩下一点点面粉，他们把面粉做成面包，但怎么也不可能够3个人吃。两个城里人想："我们不如想个计策，把乡下人的那份面包也骗来，这样我们就能够吃饱了！"于是他们就对乡下人说："你看，面包根本不够3个人吃。把面包烤着，我们来睡觉吧！谁做的梦神奇，面包就归谁吃!”乡下人同意了，他倒头就睡，但两个城里人却没睡觉，他们商量起来了，一个说：“明天呢，我就说我做梦上了天堂，天使彼得亲自来迎接我!”另一个说：“那我就说我去了地狱，看见了撒旦和很多小鬼，他们都张牙舞爪的，可怕极了！哼，谅那个乡下人也做不出什么奇特的梦，那块面包够我们吃了!”说完他们也去睡了。然而那个乡下人根本没睡着，他听见了两个城里人的谈话，于是他半夜爬起来就把面包吃光了。第二天早上，两个城里人醒来发现面包不见了，就摇醒了乡下人，乡下人装成很吃惊的样子说：“唷！你们还在这儿呢。昨天我梦见天堂的大门打开了，天使彼得把你迎接了进去，又看见这位下了地狱，撒旦和小鬼都张牙舞爪地拉着你，我想从来没有上天堂或下地狱的人还能回来的，所以就把面包给吃了!”

这个故事很可笑：两个城里人，因为瞧不起乡下人，想多占点儿便宜，结果反被乡下人涮了一把！生活中这类的事屡见不鲜，比如发生在动物园的趣事：

有个女游客来到黑猩猩园区，看见有一只猩猩靠近，忽然玩心大起，想了一个方法要捉弄这只大猩猩。

只见她故意做出喂食的动作，黑猩猩不疑有诈，立即上前准备接受她的食物，然而，就在黑猩猩伸手要拿食物时，这个女游客突然将手缩回，并且得意地嘲笑它。

这时黑猩猩似乎知道自己被人戏弄，顿时气得变脸，它突然朝着女游客的脸，吐了一大口的唾沫，这位妙龄女郎当场成了另一个可笑的“景点”。

动物园的管理员看见了，走了过来，并笑着说：“你们可别欺负它喔！阿吉可是非常聪明的。”

据说，在此之前，有个中学生也领教了类似的回击。当时他拿着香蕉想引诱阿吉，就在阿吉靠近要取时，这个顽皮的学生却将香蕉送进了自己的嘴里。被欺负的阿吉一看，反应相当快，吐了一大口唾沫在学生的脸上。

女游客戏弄黑猩猩时，一定是觉得黑猩猩是没什么智商的动物，欺负它、占它的便宜不会有任何风险，但没想到黑猩猩也不是好欺负的，自己反倒被吐了口水。真是一则有趣的案例，以万物灵知自居的人类，反而被自然万物教训了一顿，那就是：不要总想着占人便宜，谁都不是好欺负的。

有一个富翁听说某农场准备卖掉，他就跑去找邻居商量："你和农场主是多年的好朋友，如果你去买农场的话，他一定会很便宜地卖给你，我给你出钱，你去把它买下来后，我一定重重地谢你，怎么样老伙计？帮帮忙吧！"尽管邻居知道富翁的信誉不太好，但还是去了。农场主果然把农场以极低的价钱卖给了朋友。富翁对买卖的价钱非常满意，但他却一个字也没提酬谢的事，拿起地契转身就走。邻居冷笑了一下，叫住了富翁。富翁以为还有什么好事呢，赶忙回头，结果邻居说："如果你不介意，我还要再告诉你一声，那个农场是以我的名字买的！"

富翁一心想占别人的便宜：想以最低的价钱买下农场，想不花一文钱地利用邻居……结果呢？想占便宜的人反被人占了便宜！钱花了，农场却不是自己的，而是邻居的，自己还落得可笑而可怜的下场。要怪谁呢？只能怪富翁自己。若不是他总觉得自己比别人聪明，低估别人，他也不会吃这亏了。其实人跟人都差不多——你一心想占别人便宜，对方心里又怎会没个算计？这样一来吃亏的很可能就是你。

千万别太低估别人，抬高自己；你并不比别人聪明多少，便宜也不是那么好占的。脚踏实地地做事，清清白白地做人，这样你才会在人生路上走得顺畅。

雪中送炭者必会得到厚报

两个贫苦的好朋友同一时间死去了，上帝让甲上天堂、乙去地狱，乙喊道：“为什么这么不公平?”上帝回答他：“你也许还记得，有一天你们一起赶路，遇到了一个死去的人，甲把他埋了起来，你却无动于衷!”

人们都乐于锦上添花，却很少有人愿意做雪中送炭的事。锦上添花是在攀附贵人，日后必定好处多多；而雪中送炭是帮助弱势的人，可帮助他们有什么用处呢？这种想法实在是大错特错，因为那些看起来不起眼的人说不定什么时候就会帮上你的大忙!

一对待人友善的夫妇不幸下岗了，不过在朋友、亲属以及街坊邻居们的帮助下，他们在小城新兴的一条商业街边开起了一家火锅店。

刚开张的火锅店生意冷清，全靠朋友和街坊照顾才得以维持。但不出3个月，夫妇俩便以待人热忱、收费公道而赢得了大批的“回头客”，火锅店的生意也一天一天地好起来。

几乎每到吃饭的时间，小城里行乞的七八个大小乞丐，都会成群结队地到他们的火锅店来行乞。

夫妇俩总是以宽容平和的态度对待这些乞丐，从不呵斥辱骂。其他店主则对这些乞丐连撵带轰，一副讨厌至极的表情。而这对夫妇俩则每次都会笑呵呵地给这些肮脏邋遢、令人厌恶的乞丐盛满热饭热菜。最让人感动的是，夫妇俩施舍给乞丐们的饭菜都是从厨房里盛来的新鲜饭菜，并不是那些顾客用过的残汤剩饭。他们给乞丐盛饭时，表情和神态十分自然，丝毫没有做作之态，就像他们所做的这一切原本就是分内的事情一样。正如佛家禅语所说的，这是一对“善心如水的夫妻”。

日子就这样一天一天地过着，一天深夜，附近的一家服装店里突然燃起了大火，火势很快便向火锅店窜来。

这一天，恰巧丈夫去外地进货，店里只留下女主人照看。一无力气、二无帮手的女店主眼看辛苦张罗起来的火锅店就要被熊熊大火所吞没，着急万分之时，只见那班平常天天上门乞讨的乞丐，不知从哪里钻了出来，在老乞丐的率领下，冒着生命危险将那一个个笨重的液化气罐马不停蹄地搬运到了安全地段。紧接着，他们又冲进马上要被大火包围的店内，将那些易燃物品也全都搬了出来。消防车很快开来了，火锅店由于抢救及时，虽然也遭受了一点儿小小的损失，但最终给保住了。而周围的那些店铺，却因为得不到及时的救助，货物早已烧得精光。

在平常人看来，帮助一群乞丐有什么用呢？他们没钱、没权，而且很难有翻身的时候，但这对夫妇却没有这样想。他们不求回报地热心帮助这群乞丐，结果当遇到火灾时，乞丐们也不顾一切地帮助他们，别人的店铺都烧光了，而火锅店却只受了一点点的损失，夫妻俩对乞丐们无私的帮助换来了他们最真诚的回报。

人们总是瞧不起落魄的人，不愿做雪中送炭的事，却不知道他们方便的时候如果能帮弱势者做一点点小事，他们就可以获得丰厚的回报。

一个刮着北风的寒冷夜晚，路边的一间旅馆迎来了一对儿上了年纪的客人。他们的衣着简朴而单薄，看来他们非常需要一个温暖的房间和一杯热水，但不幸的是这间小旅店早就客满了！领班罗比看了他们一眼，冷冷地说："这里没有多余的房间了，快走吧！"

"这已是我们寻找的第16家旅社了，这鬼天气到处客满，我们怎么办呢?"这对老夫妻望着店外阴冷的夜晚发愁。

店里的一个小伙计不忍心这对老年客人受冻，便建议说："如果你们不嫌弃的话，今晚就睡在我的床铺上吧，打烊时我在店堂打个地铺。"

老年夫妻非常感激，第二天要付客房费，小伙计坚决拒绝了。临走时，老年夫妻开玩笑似地说：“你经营旅店的才能足够当一家五星级酒店的总经理。”

“那敢情好！起码收入多些可以养活我的老母亲。”小伙计随口应和道。

没想到两年后的一天，小伙计收到一封寄自纽约的来信，信中夹有往返纽约的双程机票，信中邀请他去拜访当年那对儿睡他床铺的老夫妻。

小伙计来到繁华的大都市纽约，老年夫妻把小伙计引到第五大街与三十四街的交汇处，指着那儿的一幢摩天大楼说：“这是一座专门为你兴建的五星级宾馆，现在我们正式邀请你来当总经理。”

年轻的小伙计因为一次举手之劳的助人行为，使自己美梦成真。这就是著名的奥斯多利亚大饭店经理乔治·波非特和他的恩人威廉先生一家的真实故事。

还记得韩信和漂母的故事吗？韩信落泊之时，人人都嘲笑他，只有漂母把自己的饭分给他吃。后来，人们眼中的“无用的小子”变成了大将军，他以千金回报了漂母的一饭之恩。很多人都热衷于结交富有的人，而鄙视穷困的人，这种做法真的很不可取。

无论如何，帮助别人总是一件不错的事，帮助别人有时就是在帮助你自己，而且，如果你能摒弃势利的想法，就会发现，雪中送炭比锦上添花更能让你快乐，更能让你有满足感。

小瞧别人会让你失去很多

很多人都捶胸顿足地痛悔自己错失了良机，而且是他们自己把机遇从身边推走的。出现这种错误的原因通常很简单：比如轻视了某个人。

哈佛大学校长的会客室里来了一对夫妇，他们坚持要见校长，校长只好在百忙之中抽出点儿时间来接待他们。这对夫妇告诉校长，他们的儿子曾在哈佛上学，而且他非常喜欢这所学校。现在他们的儿子突然去世了，他们希望能在哈佛校园里为儿子建一座纪念性建筑。听完了他们的话，校长用怀疑的目光打量着他们。这对夫妇衣着干净整洁，但却很简朴，看起来不像是有钱人，于是校长就用一种调侃的语气说："纪念性建筑？哈佛大学是什么地方，寸土寸金呀！看到窗外的草坪了吗？那是从韩国进口的，一片就要几万美金，再看看那些大楼，一栋就要几百万甚至上千万呀！你们拿什么来做这些呢？"这对夫妇惊讶地看着校长，然后妻子对丈夫说："听到了吗？亲爱的，建一座楼只要几百万美金，那我们为什么不给儿子建一座纪念性大学呢？"一年后，一所新的大学建立起来了，那就是著名的斯坦福大学，这所大学就是用那对夫妇儿子的名字命名的。

哈佛大学的校长肯定连做梦都没想到，他拒绝的是怎样一个提议，他错失的是怎样一个机会。如果不是他先入为主的偏见，这对夫妇本来可以成为哈佛的有力捐助人，但他的一念之差，却使哈佛没能得到捐助，然而还多了一个有力的竞争对手。生活中，很多人也常犯类似的错误，由于轻视别人而错过了很多机会。比如曾在某报刊上看到这样一件事：一群中国孩子申请去英国某大学留学，他们都等在学校门口，考官的车来了，车里走下来一个英国人，一个中国人，所有的孩子都向英国人拥去，只有一个瘦小的女孩子向那个中国人咨询情况。等到考试时，大家才发现原来那个中国人才是主考官，那个瘦小的女孩子因为给主考官留下了不错的印象，因而轻松地通过了考试。细分析一下，这群孩子的心态真的是有点儿问题，在明知两人都是考官的情况下，却选择拥向英国人，冷落中国考官，这分明是小瞧别人的心理在作祟。而那个瘦小的女孩子因为对人一视同仁，所以轻松地跨过了考试这一关。

某地曾经发生过这样一件事：两个汽车交易厅在同一条街上打擂

台，相互间竞争得非常激烈。有一天，A 厅来了个奇特的顾客：他穿着一条沾满泥巴的裤子，手里还拎着个塑料袋，总之，他的形象与汽车展示厅显得格格不入。A 厅的一个导购小姐皱着眉头走了过来："先生，您需要什么汽车！"这个人有点儿慌乱地说："啊，不，我只是看看！"导购小姐的眉头皱得更深了，"我们这儿的车都是展示的，你别给碰脏了，再说我们这儿也不是商场，跑这儿来参观什么！"导购说完后，扭头走了。这个人讪讪地站了会儿，也只好离开了。过了一会儿，他推门进了 B 厅，一个导购小姐看见了他，马上跑过来打招呼："先生，有什么可以为您效劳的吗？"这个人淡淡地说："我就是看看。"导购小姐紧跟在他身侧，每当这个人对某一款车多看几眼，她就赶忙介绍一番。这个人有点儿不好意思了，他说："我不买车，只是看看！"导购却仍是满面笑容："我知道，不过让您了解一下也好啊！"听完导购小姐的话，这个人紧皱的眉头也舒展开了，"小姐，我要买 30 辆 Z–Z 型农用车，你马上给我下单子吧！"导购小姐大吃一惊，"可……可我们经理不在！"这个人温和地笑着说："不用找你们经理了，你对我的态度已经使我毫无保留地信任你！开票吧，我先付订金！"

因为轻视别人，A 厅的导购小姐失去了一个数额巨大的订单，如果她知道那位衣衫陈旧的人居然是个大客户，一定会后悔不迭吧！生活中，很多人都是深藏不露的：达官贵人，看起来也许就像平易近人的街坊邻居；千万巨富，也许衣着普通如同升斗小民……很多机会也常常是披着陈旧的外衣而来的，轻视它，你就会把它从身边推走，而且很难再找回来了。

人生路上，我们会碰到各种各样的人，每个人都有自己的独特之处，你并不知道什么人会对你有所帮助，什么人能影响你的命运，所以我们只有选择一视同仁，这样我们才能不错过任何机会，才能更快地走向成功。

不要小看小人物的力量

能帮助你的人，未必是地位显赫、高高在上的人。《红楼梦》中，贾芸不就是靠借“泼皮”倪二的银子，才买了香料去讨好“琏二奶奶”的吗？生活中也是这样，我们有多少机会能接触到那些高官显贵呢？很多时候，能帮你的人往往是一些不起眼的小人物，所以千万不要瞧不起小人物。

一个年轻人大学毕业后进入了一间律师事务所，成为那里最年轻的一名律师。但很快他就发现自己的处境很不妙：他清楚法律文书写作的全部程序，但却无法写得精彩；他没有实际经验，也不知道怎样和当事人沟通。在这里，每个人都忙着自己的事，没人愿意帮助他，指导他……

有一天接近深夜的时候，他还在一个人加班，突然大嗓门的保安没敲门就闯了进来，“你怎么还不走啊？快点儿快点儿，巡完楼层我还得睡觉呢！”

年轻的律师很生气，“我在加班，你没看到吗？你以为我喜欢这样加班吗？”他越说越激动，竟然把自己的烦心事儿全说了出来，保安看了他一眼，没说话就出去了。过了几天，他乘电梯时遇到了经理，而那个保安也在电梯里。保安看了他一眼，突然转过脸，无所顾忌地对经理说：“怎么搞的，我怎么总碰见这个小伙子在深夜加班呀！你干嘛不找个熟手带带他，让他自己瞎琢磨什么啊！”年轻的律师简直惊呆了，他惊慌地朝经理看去，经理也正看着他。“让我想想。”经理自言自语地说了一句。第二天，经理让他去给一个资深律师当助手，并勉励他好好做，两年后，他已经可以独当一面了。他由衷地感谢那个大嗓门的保安，是他帮了自己一个大忙。

保安只是一个小人物，但他却能仗义直言，帮年轻的律师摆脱了困境，可见一些不起眼的小人物在关键时刻也能起到重要的作用。

再让我们看看下面这个故事：杰克·伦敦的童年贫穷而不幸。14岁那年，他借钱买了一条小船，开始偷捕牡蛎。可是，不久之后就被水上巡逻队抓住，被罚去做劳工。杰克·伦敦找机会逃了出来，从此便走上了流浪水手的道路。

两年以后，杰克·伦敦随着姐夫一起来到阿拉斯加，加入到淘金者的队伍。在淘金者中，他结识了不少朋友。他这些朋友中三教九流什么都有，而大多数是美国的劳苦人民，虽然生活困苦，但是在他们的言行举止中却充满了生存的活力。

杰克·伦敦的朋友中有一位叫坎里南的中年人，他来自芝加哥，他的辛酸历史可以写成一部厚厚的书。杰克·伦敦听了他的故事经常潸然泪下，而这更加坚定了杰克·伦敦心中的一个目标：写作，写淘金者的生活。

在坎里南的帮助下，杰克·伦敦利用休息的时间看书、学习。1899年，23岁的杰克·伦敦写出了处女作《给猎人》，接着又出版了小说集《狼之子》。这些作品都是以淘金工人的辛酸生活为主题的，因此，赢得了广大中下层人士的喜爱。

杰克·伦敦渐渐地走上了成功的道路，他的著作畅销也给他带来了巨额的财富。

刚开始的时候，杰克·伦敦并没有忘记与他同甘苦、共患难的淘金工人们，正是他们的生活给了他灵感与素材。他经常去看望他的穷朋友们，一起聊天，一起喝酒，回忆以往的岁月。

但是后来，杰克·伦敦的钱越来越多，他对钱也越来越看重。他甚至公开声明他只是为了钱才写作。他开始过起豪华奢侈的生活，而且大肆地挥霍。与此同时，他也渐渐地忘记了那些穷朋友。

有一次，坎里南来芝加哥看望杰克·伦敦，可杰克·伦敦只是忙于应酬各式各样的聚会、酒宴和修建他的别墅，对坎里南不理不睬，一个星期中坎里南只见了他两面。

坎里南头也不回地走了。同时，杰克·伦敦的淘金朋友们也永远地从他的身边离开了。

离开了朋友，离开了写作的源泉，杰克·伦敦的文思日渐枯竭，他再也写不出一部像样的著作了。于是，1916 年 11 月 22 日，处于精神错乱和金钱危机中的杰克·伦敦在自己的寓所里用一把左轮手枪结束了一生。

杰克·伦敦成名了，就开始瞧不起那些生活在社会底层的人，结果使自己陷入无助之中，最后用手枪结束了自己的生命。杰克·伦敦的经历告诉我们：永远不要瞧不起地位卑微的朋友，多结交一个朋友就多一条路，离开他们，你也许就会一无所有。

地位只是一个人身份、权力的象征，如果你把它看得太重，就会失去许多朋友、帮手。人生路上，你需要各种各样的朋友来帮助你，包括地位卑微的朋友。

看人时不要只看别人的短处

一个哲学家坐船过河，他问船夫：“你懂得哲学吗?”船夫摇摇头。“那你看过斯宾诺莎的书吗?”船夫又摇摇头。哲学家轻蔑地看了船夫一眼，“那你就失去了活着的乐趣。”过了一会儿，船突然要沉了，哲学家惊慌地乱叫。船夫问：“你会游泳吗？先生。”哲学家摇摇头，船夫笑了：“那么，你将失去活着的权力！”

每个人都有各自的特点，有自己的长处，也有自己的短处。不能因为别人在某方面不如你就瞧不起对方，小瞧人的人，常常不如人。

皇帝的御橱里有两只罐子，一只是陶的，另一只是铁的。骄傲的铁罐瞧不起陶罐，常常奚落它。

“你敢碰我吗，陶罐？”铁罐傲慢地问。

“不敢，铁罐兄弟。”谦虚的陶罐回答说。

“我就知道你不敢，懦弱的东西！”铁罐说着，显出了更加轻蔑的神气。

“我确实不敢碰你，但不能叫做懦弱。”陶罐争辩说，“我们生来的任务就是盛东西，并不是用来互相碰撞的。在完成我们的本职任务方面，我不见得比你差。再说……”

“住嘴！”铁罐愤怒地说，“你怎么敢和我相提并论！你等着吧，要不了几天，你就会破成碎片消灭了，我却永远在这里，什么也不怕。”

“何必这样说呢，”陶罐说，“我们还是和睦相处的好，吵什么呢？”

“和你在一起我感到羞耻，你算什么东西！”铁罐说，“我们走着瞧吧，总有一天，我要把你碰成碎片！”

陶罐不再理会铁罐。

时间一天天过去了，世界上发生了许多事情，皇朝覆灭了，宫殿倒塌了，两只罐子被遗落在荒凉的角落。历史在它们的上面积满了渣滓和尘土，一个世纪连着一个世纪。

许多年以后的一天，人们来到这里，掘开厚厚的堆积物，发现了那只陶罐。

“哟，这里有一只罐子！”一个人惊讶地说。

“真的，一只陶罐！”其他的人说，都高兴地叫了起来。

大家把陶罐捧起，把它身上的泥土刷掉，擦洗干净，和当年在御橱的时候完全一样，朴素、美观，亮光可鉴。

“一只多美的陶罐！”一个人说，“小心点儿，千万别把它弄破了，这是古代的东西，很有价值的。”

“谢谢你们！”陶罐兴奋地说，“我的兄弟铁罐就在我的旁边，请你们把它掘出来吧，它一定闷得慌了。”

人们立即动手，翻来覆去，把土都掘遍了。但一点儿铁罐的影子也没有。——它，不知道什么年代，已经完全氧化，早就无踪无影了。

铁罐确实比陶罐结实，这是它的长处，只不过铁罐只看到了自己的长处，却没有看到陶罐的长处：美观，可以丝毫无损地保存上千年。它瞧不起陶罐，奚落陶罐，但结果呢？陶罐历经千年不朽，它却因为被氧化而无影无踪，难怪俗语说：“小瞧人，不如人。”

美国有一个拳手叫汤姆·弗基，刚入道的时候他还只有20岁，那正是个年轻气盛的年龄。凭着出拳有力、步法灵活的特点，他已经连续取得了几场比赛的胜利，于是他变得得意起来，认为自己与拳王的距离已经越来越近了，对一些不太出名的拳手更是不放在眼里。有一次，经纪人安排他和一个叫马卡·里乔的拳手打一场。马卡至少打了9年拳了，但却成绩平平，而且36岁的他早已过了拳击手最好的年龄。这使汤姆有种受辱的感觉，他扬言只要3回合就可以“放倒那个老家伙”！

比赛开始了，汤姆一上场就发起一轮暴风雨式的进攻，左勾拳，右勾拳，打得虎虎生风，马卡并没有主动进攻，只是不停地躲闪，台下叫好声一片。汤姆更得意了，他认为马卡实在不堪一击，但就在这一回合结束的前几秒钟，马卡突然出了一记重拳，汤姆竟然被击倒在地，汤姆认为是自己太大意了，下一回合一定要给对方点儿颜色看看。休息时，他的教练告诉他，马卡是一个很难缠的对手，让他一定要小心。但一上场，汤姆就把教练的警告扔在脑后，结果汤姆一直没能打倒对手，两人打满了12回合，汤姆侥幸以点数取胜。然而这并不是什么光彩的胜利，汤姆付出了巨大的代价：眼角撕裂，两个指节骨折。事后仔细想一想自己实在不该小瞧马卡：他虽然年纪大了，但经验却要比自己多很多；他打起拳来有策略，不像自己一样蛮干；他会保护自己，他有清醒的判断力……自己能够取胜，实在是一件侥幸的事，马卡给了汤姆一个很好的教训。从此汤姆再也不敢小看任何一个拳手，无论是新人还是老将，因为他知道每个人都有自己的不凡之处，小看了他，你就会吃大亏。

生活中，很多人也都容易犯类似汤姆的错误，能看到自己的长处，而看别人时却只能看到短处，这是一件很遗憾的事。小看别人就会使你做出错误的判断，做起事来就容易落败甚至沦为别人的笑柄，就像汤姆·弗基一样。

小瞧别人的心理，是你成功的一大障碍，你应该常常提醒自己：千万不要看轻任何人，你未必就比人强！

勇于承认自己的不完美

人无完人，每个人都会有一些缺陷：外貌上的、性格上的、经历上的……当一个人勇于承认自己的不完美时，他也就真正地成熟起来了。

卢女士已经37岁了，两年前丈夫不幸病故，家里人都执意让她再找一个意中人，热心的朋友也劝她早日结束独身生活。卢女士虽然也看过几个对象，但都没有成功，原因是卢女士和别人见面后，总是先把自己的缺陷和盘托出，暴露无疑，令一些人“望而却步”。她的朋友数落她时，她却振振有辞：“年轻时搞对象都没有装模作样过，老了更不用掩饰，我就是这样一个有瑕疵的女人，先让对方看清楚点儿不好吗？”后来卢女士还真找到了一位心心相印的意中人，据说对方在假货遍地、人也爱装假的今天，就是看中了卢女士毫不掩饰、勇于承认缺陷的优点，认为这人难得地实在。由于卢女士事前把自己的缺陷毫无保留地告知对方，对方“扬长避短”，两人配合默契，生活得很美满。朋友们都说，实在人有实在命，卢女士这是用袒露缺陷换来了幸福。

人有缺陷并不可怕，可怕的是刻意掩饰、自欺欺人。卢女士不是这样，在对方面前大胆袒露自己的缺陷，出自于内心的真诚和对别人的信任。她那透明的真诚理所当然也换来了对方的信赖与爱慕。把自己的缺陷袒露人前，也就同时把自己的真诚毫无保留地献给了对方。在日常生活中往往有这样的情况，越是刻意掩饰自己的缺陷，自己活得越累，有时甚至还显得很尴尬。这是因为缺陷是客观存在的，掩饰往往会弄巧成拙。卢女士真诚袒露缺陷的结果，使对方理解她的缺陷，容纳她的缺陷，还有意识地帮助她弥补自己的缺陷，这正是他们后来生活幸福和谐的基础。

缺陷或大或小、或多或少，人人都有。然而，面对缺陷，大多数人是去掩饰。掩饰缺陷也许是人的天性，毕竟能在大庭广众之下袒露自己缺陷的人实属不多。因此袒露缺陷确实需要勇气，要战胜自己的懦弱、虚荣，以及世俗的偏见。要做到这些，没有超人的勇气是不行的。

台湾著名画家刘墉在教国画的时候，经常发现有些学生极力掩饰自己作品上的缺点，有时画得差，干脆就不拿出来了。遇到这种情况，刘墉会对他们说："初学画总免不了缺点，否则你们也就不必学了！这就好比去找医生看病，是因为身体有不适的地方才会去，看医生时每个病人总是尽量把自己的症状说出来，以便医生诊断。学画交给老师作业，则是希望老师发现错误，加以指正，你们又何必掩饰自己的缺点呢?"

还有一个男人单身了半辈子，突然在 43 岁那年结了婚。新娘跟他的年纪差不多，但是她以前是个歌星，曾经结过两次婚都离了，现在也不红了。在朋友看来，觉得他挺亏的，这不是一个好的选择，因为新娘身上的瑕疵太多了。

有一天，他跟朋友出去，一边开车，一边笑道："我这个人，年轻的时候就盼望着能开宝马车，可是没钱，买不起；现在也买不起，只好买辆三手车。”

他的确开的是辆老宝马车，朋友左右看看说：“三手？看来很好哇！马力也足！”

“是呀！”他大笑了起来，“旧车有什么不好？就好像我太太，第一个老公是广州人，又嫁过上海人，还在演艺圈20年，大大小小的场面见多了。现在老了，收了心，没有以前的娇气、浮华气了，却做得一手好菜，又懂得料理家务。说老实话，现在真是她最完美的时候，反而被我遇上了，我真是幸运呀！”

“你说得挺有道理的！”朋友陷入沉思。

他拍着方向盘，继续说：“其实想想我自己，我又完美吗？我还不是‘千疮百孔’，有过许多往事，许多荒唐事。正因为我们都走过了这些，所以两人都变得成熟，都懂得忍让，都彼此珍惜对方。这种不完美，正是一种完美啊！”

正因为这位男士能够承认自己的不完美，他才不苛求爱人的完美，结果两个有瑕疵的人才能走到一起，组成一个幸福的家庭。从某种意义上看，人就是生活在对与错、善与恶、完美与缺陷的现实中。我们既然能从自己非常优秀与完美的现实中受益，为什么就不能从自己的缺陷中受益呢？

我们应该明白有缺陷并不是一件坏事，那些自认为自身条件已经足够好，以至于无可挑剔、不必改变现状的人往往缺乏进取心，缺少超越自我追求成功的意志。相反，承认自己的缺陷，正确认识自己的长处与短处，却可以使我们处在一种清醒的状态，遇事也容易做出最理智的判断。

在人世间，人是注定要与“缺陷”相伴，而与“完美”相去甚远的。所以不完美也是一种完美，承认自己的不完美是一种豁达、成熟，更是一种智慧！

第四章　低下高傲的头才能挺起不屈的腰

中国有一句成语叫做“锋芒毕露”，锋芒的本意是指刀剑的尖端，后人将之比作一个人的聪明才干。古人认为，一个人若无锋芒，则是扶不起来的“阿斗”，所以有锋芒是好事，是事业成功的基础，在适当的场合显露一下既有必要，也是应当。然而，锋芒可以刺伤别人，也会刺伤自己。如果一个人自恃有才，就狂妄自大，锋芒毕露，将才华当成炫耀自己和骄傲的资本，以博取大家的赞美和羡慕，满足自己的虚荣心，那么他的下场就可想而知了。

不妨把鲜花让给其他人

不要以为自己立了功，就有了讨好上司、固宠求荣的法宝和资本。事实上，立了功，其实是很危险的事情。要不历史上怎么有那么多人，功成就身退了呢？立了功，的确说明你是有才华、有智慧的，可是你绝对不能居功自傲，独享荣誉，而要恰到好处地把功劳让给上司。否则小心上司给你安个“居功自傲”的罪名把你“灭”了，也正遂了身边那些嫉妒你、眼红你的人的心。

三国末期，西晋名将王浚于公元280年巧用火烧铁索之计，灭掉了东吴。三国分裂的局面至此方告结束，国家又重新归于统一，因此王浚的历史功勋是不可磨灭的。岂料王浚克敌致胜之日，竟是受谗遭诬之时：安东将军王浑以不服从指挥为由，要求将他交司法部门论罪，又诬王浚攻入建康之后，大量抢劫吴宫的珍宝。这不能不令功勋卓著的王浚感到畏惧。当年消灭蜀国，收降后主刘禅的大功臣邓艾，就是在获胜之日被谗言构陷而死，他害怕重蹈邓艾的覆辙，便一再上书，陈述战场的实际状况，辩白自己的无辜。晋武帝司马炎倒是没有治他的罪，而且力排众议，对他论功行赏。

可王浚每当想到自己立了大功，反而被豪强大臣所压制，一再被弹劾，便愤愤不平，每次晋见皇帝，都一再陈述自己伐吴之战中的种种辛苦以及被人冤枉的悲愤，有时感情激动，也不向皇帝辞别，便愤愤地离开了朝廷。他的一个亲戚范通对他说：“足下的功劳虽然大，可惜足下居功自傲，未能做到尽善尽美!”

王浚问：“这话什么意思?”

范通说：“当足下凯旋之日，应当退居家中，再也不要提伐吴之事，如果有人问起来，你就说：‘是皇上的圣明，诸位将帅的努力，我有什么功劳可夸的!’这样，王浑能不惭愧吗?”

王浚按照他的话去做了，谗言果然不止自息。

喜好虚荣，爱听奉承，这是人类共有的弱点，作为一个万人瞩目的帝王更是如此。有功归上，正是迎合了这一点。你想谁不愿意功劳卓著?尤其是作为君主，哪个能容忍臣下的功劳超过自己呢?

“伴君如伴虎”，是古人总结出来的至理名言。懂得如何与领导相处、明哲保身，充满着智慧的结晶。一些人自以为有功便忘了上峰，总是讨人嫌，特别容易招惹上司的嫉恨。把功劳让给上司，才是明智的捧场，才是稳妥的自保。在官场上如此，在职场上亦是如此。

小江很有才气，编辑的杂志很有一套自己独特的风格，因此很受欢迎，有一次还得到创新奖。一开始他还很高兴，但过了一段时间，他却失去了笑容。他告诉一位朋友说，他的上司最近常给自己脸色看。

这位朋友问清楚他的情况后，指出了他犯的错误。原因是这样的：小江得了创新奖，受到了上级领导的好评，因此除了新闻部门颁发的奖金之外，另外还给了他一个红包，还当众表扬他的工作成绩，并且夸他是块主编的料。但是他并没有现场感谢上司和同事们的协助，更没有把奖金拿出一部分请客，他的上司刘主编从此处处为难他。遗憾的是，小江不相信朋友的分析，结果 3 个月后就因为呆不下去而辞职了。

这份杂志之所以能得奖，自然是小江贡献最大，但是他也不能独享了这份荣誉，这让上司怎么想？自然觉得他目中无人，恃才自傲。其次，因为小江的才华也让他产生不安全感，害怕失去权力，为了巩固自己的领导地位，小江自然就没有好日子过了。

与上司相处，一定要在各方面维护他做上司的权威，不要恃才傲物，居功自傲，那样最终会成为上司和同事的“眼中钉”。工作中取得了成绩，会给你带来一定的荣耀，但是，你一定要把这份荣誉归功于上司，把鲜花让给上司戴，把众人的目光引到上司身上。否则，若是你抢了上司的风头，后果就严重了。

不要随意卖弄自我

好卖弄的人往往都是虚荣心很强的人。虚荣是人心灵深处的魔鬼，使人变得自负，误以为自己很了不起，无所不能，可事实上并非如此。一些人为了引人注意，为了出风头，以满足自己永无止境的虚荣心，就不分场合、地点、对象，拼命地卖弄自己。

赵女士就是一位爱卖弄自己的人，她每天总是利用一切机会让人们知道她的存在。一位老兄在为儿子差两分没被清华大学录取而苦恼时，一旁的赵女士生怕没了机会，忙插嘴道：“真是的，我那儿子也不争气，要升初中了，才考了 99 分。”旁人不难看出，她到底是自贬还是自夸。一年秋季，她办完调动手续，满以为会被热情地欢送，岂料送行的只有一名例行公事的干部。

王先生在刚到工作单位的那段日子里，在同事中几乎连一个朋友都没有。那时他正春风得意，对自己的机遇和才能非常自得。因此每天都极力吹嘘他在工作中的成绩，吹嘘每天有多少人找他请求帮忙等等得意之事。然而同事们听了之后不仅没有人分享他的“成就”，而且还极为不高兴。

不顾别人的感受，只顾卖弄自我，在多数场合是不受欢迎的。任何人都有一种逆反心理，都会自然而然地在心中对你的卖弄不屑一顾。如果你有优点，最好由别人去发现，而不是自我卖弄。

许多人都有一种虚荣的心理，比如在无意中获得了一件心爱的宝物，或办成了一桩得意的事情，往往爱在人前炫耀一番。这种炫耀久而久之就变成了一种卖弄，这样一来，别人知道自己拥有了宝物肯定会投以赞赏和羡慕的眼光，而且自己还因为有这样一件宝物，办成了一件漂亮的事而沾沾自喜。

有了好东西就和大家一起分享，把自己拥有的好东西露给别人看一看，把自己的得意之事说给别人听听，本来也没有什么大不了的。但是，如果炫耀的心理太炽热，想听好听、奉承和赞美话的渴望太强烈了，人就陷入了“卖弄”的歧途。而这种卖弄有时就像是迷魂药，会让你上瘾，最后失去做人的本性。

有这样一个故事：

一位年轻的律师花了一笔资金装修他的事务所。他买了一架豪华的电话机做装饰，现在这架电话机正摆在漂亮的写字桌上。秘书报告一个顾客来访，对于首位顾客，年轻的律师按规矩让他在候客室等了一刻钟。

当顾客被允许进来时，律师就故意拿起了那部豪华电话的话筒，为了给客人更深的印象，他假装接通了一个极为重要的电话：“可敬的总经理，我已对他说了，我们只是彼此浪费时间罢了……当然，我知道，好的……如果您一定要坚持的话……可是您要明白，低于两千万我不能接受……好，我同意……以后再联络，再见。”

他终于挂上了电话，面对那位顾客。而在门口站着不动的顾客脸色显得非常尴尬。“请问您有什么事？”律师微笑着问这位局促不安的客人。客人犹豫了半晌，低声说：“我是技术工人，公司派我来给你接电话线。”

那些卖弄者往往矫揉造作，故意要显露某些东西，企盼获得他人的喝彩，以满足自我的虚荣之心。这种人生状态虽不会给人带来什么灾难，但是常常会引发他人的厌恶，甚至鄙视，且易养成自我骄傲与自满的心理，于人生的发展大为不利。

托马斯·肯比斯说：“一个真正伟大的人是从不关注他的名誉高度的。”一个人不会因为自己的成就而傲慢，也就不会抱怨自己命运的悲惨。相反，贪慕虚荣的自我卖弄，是一种腐蚀人类心灵的毒药。所以，请丢掉你那颗虚荣的心吧，我们要像元代王冕《题墨梅》诗中说的那样：“不要人夸好颜色，只留清气满乾坤。”

不要企图替你的上司做决定

谁是公司的最高决策者？当然是老板。无论大事还是小事，都必须由他最后敲定。如果他愿意听听你的意见，那你尽可以说说你的想法和看法。但是，你一定要记住一点，那就是你千万不能忘了自己的身份：你是下属，他是老板，即便你的意见是对的，你也不能强迫他采纳，更不能不自量力，自作主张，替他做主。这样就会显得你比他聪明，会让他很没面子，他自然也不会给你好果子吃。

罗马执政官马西努斯围攻希腊城镇帕伽米斯的时候，由于城高墙厚，士兵们死伤惨重却仍然未能攻占这座城镇。最后，马西努斯发现城门是最薄弱的环节，于是打算集中兵力猛攻城门，但要攻打城门就必须要用到撞墙槌，当时军中并没有这种器械。马西努斯想起几天前他曾在雅典船坞里看过两支沉甸甸的船桅，就马上下令把其中较长的一支立刻送来。

然而，传令兵去了多时，桅杆仍未送达。原来是军械师与传令兵发生了争执。军械师认为较短的那根桅杆才能真正发挥作用，不但攻城效果比长的那根要好，而且运送起来也方便，他甚至花了不少时间画了一幅又一幅图来证明自己的观点，而传令兵则坚持执行命令，既然上司要长的桅杆，他的任务就是把长桅杆送到上司面前。

面对军械师喋喋不休的说辞，传令兵不得不警告他，他们的统帅是不容争辩的，他们了解统帅的脾气，军械师终于被说服了，他选择了服从命令。在士兵离开以后，军械师越想越觉得自己的想法是正确的，他觉得服从一道将导致战争失败的命令是毫无意义的，于是，他竟然违抗命令送去了较短的船桅。他甚至幻想着这根短桅杆在战场上发挥功效，使统帅不得不赏赐他许多战利品以赞扬他的高明。

马西努斯见送来的是那根短的桅杆很生气，马上召来传令兵，要他对情况做出合理的解释。传令兵忙向他汇报，说军械师如何费时费力地与他争辩，后来还承诺要送来较长的桅杆。马西努斯对这名军械师的自以为是深感震怒，于是，他下令马上把这名军械师带到他面前来。

又过了几天，军械师才到达，他没有察觉到领袖的震怒，反而为能够亲自向领袖阐述自己的正确理论而洋洋得意。他仍然以专家自居，滔滔不绝地说了许多专业术语，并表示在这些事务上，专家的意见才是明智的。马西努斯见军械师仍然不改其说大话的老毛病，十分生气，立刻叫人剥光他的衣服，用棍子活活地将他打死了。

这名军械师可能至死也不会明白自己错在什么地方，他设计了一辈子的桅杆和柱子，还被推崇为是这方面最好的技师，凭他的经验，他知道自己是对的，因为较短的撞墙槌速度快、力道强，更适合攻城。他可能永远也没办法想通，在他费尽口舌向统帅解释了大半天，为什么统帅仍然坚持他的无知呢？

现实生活中，像军械师这样自以为是的人随处可见，即便在上司面前也不懂得收敛。虽然我们不能否认他们的聪明才智，但是这就犯了领导的大忌，他们或许能接受你的意见，而绝对不容许你替他做决定，你的越俎代庖，会让他觉得你是自作聪明，对他不够尊重。所以应该记住：献策，而非决策。

王小姐年轻干练、活泼开朗，进入企业不到两年，就成为主力干将，是部门里最有希望晋升的员工。一天，公司经理把王小姐叫了过去："小王，你进入公司时间不算长，但看起来经验丰富，能力又强，公司开展一个新项目，就交给你负责吧！"

受到公司的重用，王小姐欢欣鼓舞。恰好这天要去上海某周边城市谈判，王小姐考虑到一行好几个人，坐公交车不方便，人也受累，会影响谈判效果；打车一辆坐不下，两辆费用又太高；还是包一辆车好，经济又实惠。

主意定了，王小姐却没有直接去办理。几年的职场生涯让她懂得，遇事向上级汇报是绝对必要的。于是，王小姐来到经理办公室。"老板，您看，我们今天要出去，这是我做的工作计划。"王小姐把几种方案的利弊分析了一番，接着说："我决定包一辆车去！"汇报完毕，王小姐满心欢喜地等着赞赏。

然而，她却看到经理板着脸生硬地说："是吗？可是我认为这个方案不太好，你们还是买票坐长途车去吧！"王小姐愣住了，她万万没想到，一个如此合情合理的建议竟然被驳回了。王小姐大惑不解："没道理呀，傻瓜都能看出来我的方案是最佳的。"

其实，问题就出在“我决定包一辆车”这句自作主张的话上。王小姐凡事多向上级汇报的意识是很可贵的，但她错就错在措辞不当。在上级面前，说“我决定如何如何”是最犯忌讳的。如果王小姐能这样说：经理，现在我们有 3 个选择，各有利弊。我个人认为包车比较可行，但我做不了主，您经验丰富，您帮我做个决定行吗？领导若听到这样的话，绝对会做个顺水人情，答应你的请求，这样才会两全其美。作为领导，喜欢的是那些谦虚好学的下属，聪明的你要把你的决定以最佳的方式传达给他，从主动地提议变成被动地接受。切忌急躁粗暴，多倾听和征求老板的意见和建议，少做一些不容辩驳的决定和争论，即使你可能是对的。即使对待能力不强的上级，同样要保持尊重，不要擅自行动和做决定。如果这些你都做不到，就有可能遭受老板的冷遇。因此，凡事要量力而行，不可擅作主张。

一个人的身份与地位决定了一个人的行事风格。如果你是下属，那么即便你有天大的才能，即便你的上司是个白痴，你也不能自作主张，替他做决定。要知道他才是公司的最高决策者，你充其量只有提提建议的权力，你替他做决定，就等于无视他的存在，不把他放在眼里，如此，他怎么能够容忍？怎么会给你好果子吃？

要懂得过满则溢的道理

我们知道，凡是鲜花盛开娇艳的时候，就要立即被人采摘而去，也就是衰败的开始。我们也知道，在武术中有一种高难度的拳术，即“醉拳”。“醉拳”的厉害，在于一个“装醉”——表面上看来跌跌撞撞，踉踉跄跄，不堪一推，而其实“形醉而神不醉”，醉醺醺之中却暗藏杀机，就在你麻痹大意之时，将你打趴在地。所以，有“花要半开，酒要半醉”之说，人生在世，也是这个道理。如果你才华横溢，聪明绝顶自然是好事，但同时也要懂得内敛，学会装醉，不然，当你志得意满、目空一切的时候，别人会把你当成枪靶子、眼中钉。

春秋时期，郑庄公准备伐许。战前，他先在国都组织比赛，挑选先行官。众将一听露脸立功的机会来了，都跃跃欲试，准备一显身手。众将首先进行击剑格斗，都使出了浑身本领，争先恐后。经过轮番比试，选出了6个人来，参加下一轮的射箭比赛。在比箭项目上，取胜的6名将领各射3箭，以射中靶心者为胜。第五位上来射箭的是公孙子都。他武艺高强，年轻气盛，向来不把别人放在眼里。只见他搭弓上箭，3箭连中靶心。他昂着头，瞟了最后那位射手一眼，退下去了。

最后那位射手是个老人，胡子有点儿花白，他叫颖考叔，曾劝庄公与母亲和解，立有大功。颖考叔上前，3箭射击，连中靶心，与公孙子都打了个平手。

只剩下两个人了，庄公派人拉出一辆战车来，说："你们二人站在百步开外，同时来抢这部战车。谁抢到手，谁就是先行官。"公孙子都轻蔑地看了对手一眼，哪知跑了一半时，公孙子都却脚下一滑，跌了个跟头。等爬起来时，颖考叔已抢车在手。公孙子都哪里服气，提了长戟就来夺车。颖考叔一看，拉起来飞步跑去，庄公忙派人阻止，宣布颖考叔为先行官。

公孙子都因此怀恨在心。颖考叔不负庄公之望，在进攻许国都城时，手举大旗率先从云梯上冲上许都城头。眼见颖考叔大功告成，公孙子都嫉妒得心里发疼，竟抽出箭来，搭弓瞄准城头上的颖考叔射去，一下子把毫无防备的颖考叔射死了。

颖考叔的死是因为他不知道糊涂保身、锋芒太露的缘故。当今社会，此理仍然存在。你不露锋芒，可能永远得不到重任；你锋芒太露却又易遭人陷害。锋芒太露的人虽容易取得暂时的成功，却为自己掘好了坟墓。当你施展自己的才华时，也就埋下了危机的种子。所以，做人切忌恃才自傲，不知饶人。锋芒太露易遭嫉恨，更容易树敌，也就是说，有时才华不宜显，有时聪明须内敛。

乾隆年间，纪晓岚以过人的才智名扬全国，深得皇上赏识。有一天，乾隆宴请大臣。大臣们吃得很开心，饮得也很畅快。乾隆又诗兴大发了，他出了上联："玉帝行兵，风刀雨箭云旗雷鼓天为阵。"

乾隆皇帝要求百官对下联，竟然没人能对得上。乾隆皇帝这下更来兴致了，他想显示他本人的才华，便点名要纪晓岚答对，想出一下这位大才子的丑。不料，纪晓岚却把下联对上来了："龙王设宴，日灯月烛山肴海酒地当盘。"话音刚落，群臣赞叹。

乾隆皇帝听后，却不高兴了。他面有怒色，半天沉吟不语，大家颇为纳闷。纪晓岚当然明白是自己得罪了皇上，便接着说："圣上为天子，所以风、雨、云、雷都归您调遣，威震天下；小臣酒囊饭袋，所以希望连日、月、山、海都能在酒席之中。可见，圣上是好大神威，而小臣我只不过是好大肚皮而已。"乾隆一听，立即笑逐颜开，连忙表扬纪晓岚，说："饭量虽好，但若无胸藏万卷之书，又哪有这么大的肚皮。"

乾隆出的上联显示了一代帝王的豪迈气概，不料纪晓岚下联一出，十分工整，显不出乾隆上联的才气，乾隆一听，自然不快。幸好纪晓岚及时发现并为自己开脱，有意抬高乾隆而贬低自己。自然，君臣一唱一和，大家都高兴。

作为一个人，尤其是作为一个有才华的人，要做到不露锋芒，既有效地保护自我，又能充分发挥自己的才华，不仅要说服、战胜盲目骄傲自大的病态心理，凡事不要太张狂，太咄咄逼人，更要养成谦虚让人的美德。所谓"花要半开，酒要半醉"，凡是鲜花盛开骄艳的时候，也就是衰败的开始。人生也是这样。当你志得意满时，且不可趾高气扬，目空一切，不可一世，这样你不遭别人当靶子打才怪呢！

所以，即使你有非常出众的才智，但也一定要谨记：锋芒太露，必遭人忌。不要把自己看得太了不起，更不要稍有成就便得意忘形，以为自己绝顶聪明。殊不知树敌太多，事事必受他人阻挠。该收敛时就收敛，夹起尾巴好做人，切勿光芒晃人眼。

老子曾经说过："良贾深藏若虚，君子盛德容貌若愚。"即善于做生意的人，总是隐藏其宝货，不叫人轻易看见；君子之人，品德高尚，容貌却显得愚笨拙劣。因此告诫世人，"花要半开，酒要半醉"。有才华是好事，但不能作为炫耀的资本，既要显露才华，又要明哲保身，这才是为人处世、人际交往之上策。

骄傲是无知的表现

骄傲是一个人对自己在某个方面或领域有卓越价值的肯定，是人对自己成绩的认知。生活中，人们总是不会缺乏骄傲的理由，一件新衣服，一种新发型，都能引起他们的骄傲之情。骄傲的情绪，人皆有之，但过度的骄傲就是虚荣。

很多时候，骄傲和虚荣常常是一对孪生兄弟，虚荣的结果常常是骄傲。一个心性骄傲的人，从不会把别人放在眼里，他们都认为自己比别人强。但他们忘了，高傲的人只能让人厌烦，要知道人外有人，太过骄傲只能自取其辱。

古时候有则笑话，说有人做了首诗自吹道："天下文章有三江，三江文章唯我乡，我乡文章数舍弟，舍弟跟我学文章。"转了一个大弯，还是自己的文章好，如此骄傲之人做的文章未必就真好。

生活中，我们也常常会遇到这样的情况，越是知识渊博的人越表现得谦逊无比；相反，越是那些"一瓶不满半瓶晃荡"的人越喜欢张扬。所以，一个人要想圆通处世或者成就大事，都必须要戒傲，做到有才学而不张扬，有情趣而不肤浅！

相传南宋时江西有一名士傲慢之极，凡人不理。一次，他提出要与大诗人杨万里会一会，杨万里谦和地表示欢迎，并提出希望他带一点儿江西的名产配盐幽菽来。名士一听就傻了眼，他实在搞不懂杨万里要他带的是什么东西，只好说："请先生原谅，我读书人实在不知配盐幽菽是什么乡间之物，无法带来。"

杨万里则不慌不忙地从书架上拿下一本《韵略》，翻开当中一页递给名士，只见书上写着："豉，配盐幽菽也。"原来杨万里让他带的就是家庭日常食用的豆豉啊！此时名士面红耳赤，方恨自己读书太少，才明白为人不该傲慢。

骄傲有很多的害处，但最危险的结果就是让人变得盲目，变得无知，变得更加虚荣。骄傲会培育并增长盲目，让我们看不到眼前一直向前延伸的道路，让我们觉得自己已经到达山峰的顶点，再也没有攀升的余地，而实际上我们可能正在山脚徘徊。所以说，骄傲是阻碍我们进步的大敌。

曾经有一个学者，学富五车，精通各种知识，所以自认为无人可以和自己相比，很是骄傲。他听说有个禅师才学渊博，非常厉害，很多人在他面前都称赞那个禅师，学者很不服气，打算找禅师一比高下。学者来到禅师所在的寺院，要求面见禅师，并对禅师说："我是来求教的。"

禅师打量了学者片刻，将他请进自己的禅堂，然后亲自为学者倒茶。学者眼看着茶杯已经满了，但禅师还在不停地倒水，水溢出来，流得满地都是。"禅师，茶杯已经满了。""是啊，是满了。"禅师放下茶壶说："就是因为它满了，所以才什么都倒不进去。你的心就是这样，它已经被骄傲、自满占满了，你向我求教怎么能听得进去呢？"

骄傲是陷阱，只有克服和防止骄傲，才能在人生之路上不断前进。古人讲："君子宽而不慢。"综观古今中外成大事者，都是虚怀若谷、好学不倦、从不骄傲的人。

骄傲是目中无人的盲目行为，是不自量力的狂妄作风。骄傲的本质是自我崇拜，是虚荣心膨胀的体现。当一个人过高地估计了自己的地位、声誉和财富，并对此产生自我崇拜时，便产生骄傲的心态。骄傲的人，其实是无知的人，他们不知道自己能吃几碗干饭，他们不懂自己只是沧海一粟……

若真有本事，又何须炫耀

是金子，无论在哪里都会发光。如果你有才华，那么就无须炫耀自己，无须哗众取宠，无须靠别人的眼光来证明自己的存在。有些人为了满足自己的虚荣心，总喜欢炫耀和表现自己。真是“老王卖瓜，自卖自夸”。其实，你若真有本事又何须炫耀？

先来看一则寓言故事：

斑鸠强占了小喜鹊的窝，看着无家可归的喜鹊，斑鸠开心地说：“你可知道谁是鸟中之王？”

小喜鹊胆战心惊地说：“您是鸟中之王！”斑鸠满意地飞走了。不久斑鸠又啄光了小麻雀头上的毛，然后傲慢地问小麻雀：“你可知道谁是鸟中之王？”

小麻雀吓坏了，结结巴巴地说：“当然您……您是鸟中之王。”

斑鸠这下神气极了，它真的把自己当做鸟中之王了，耀武扬威地飞来飞去，见到一种鸟就向其炫耀自己的身份。迎面碰到了老鹰，它又问老鹰：“你可知道谁是鸟中之王？”然后得意洋洋地等待着回答。

可是，它没有听到老鹰说它是鸟中之王的回答，只看到老鹰扇了一下翅膀，它感到一股强风向自己袭来，然后就重重地从空中跌落在草丛里。它听到老鹰在它头顶上恶狠狠地说：“这下你知道谁是鸟中之王了吧？”

斑鸠不知高低，自我吹嘘为鸟中之王，结果被老鹰一巴掌就打出了原形，威风扫地。其实，真正实力雄厚的才是王者，光靠嘴上功夫是吹不出实力的。有本事要让别人去说，不能老王卖瓜、自卖自夸。不知收敛、吹嘘自己的人，当真相被揭开时只会颜面无光、威风扫地。

生活中，有些人总好炫耀自己曾经的辉煌，甚至把炫耀先人的业绩当做自己的光荣，这是并不光彩的。资历深自然值得尊重，但老是挂在嘴唇上当歌唱，就会贬值了。一个真正成功的人是不喜欢自吹自擂的，因为群众的眼睛是雪亮的，如果你真有本事，又何须炫耀呢？

东汉初时的名将冯异在建立东汉王朝的战争中屡立功勋，然而他在每次战争后，总独自躲在大树下，而不像其他人那样，聚在一处争说自己的功劳，因而他赢得了“大树将军”的美称。梁国的宰相沈约对梁武帝称赞冯异说：“此陛下之大树将军也！”功劳是客观存在的，别人抹杀不掉，自己的吹嘘也终是徒劳。

实际上也是这样，有不少居功自傲的人，最终还是落得身败名裂的下场；只有那些继承了谦虚美德的老实人才能“赢得生前身后名”，为人所津津乐道。

美国南北战争时，北军格兰特将军和南军李将军率兵交锋，经过一番空前激烈的血战后，南军一败涂地，溃不成军，李将军还被送到爱浦麦特城去受审，签订降约。无疑格兰特将军是最后的胜利者，但是他并没有对自己的成绩自吹自擂，而是表现得非常谦虚。他很谦恭地说：“李将军是一位值得我们敬佩的人物。他虽然战败被擒，但态度仍旧镇定异常。像我这种矮个子，和他那6尺高的身材比较起来，真有些相形见绌。他仍是穿着全新的、完整的军服，腰间佩着政府奖赏给他的名贵宝剑；而我却只穿了一套普通士兵穿的服装，只是衣服上比士兵多了一条代表中将官衔的条纹罢了。”这一番谦虚的话听在人家耳里，远比无数次的自吹自擂好得多。

有本事要让别人去评价，不必自我吹嘘、自我炫耀，因为你的成绩、你的成功，别人会比你看得更清楚。只有对自己的成就持有怀疑态度的人，才爱在人家面前强出头，以掩饰那些令人怀疑的地方。

曾经有人说："愈是不喜欢接受别人赞誉的人，愈是表明他知道自己的成功是微不足道的。"假使一个人常常把一点儿微不足道的成绩当做一桩了不起的事情，那他无异于是在欺骗自己，就像那些被魔术欺骗了的观众一样。这样的人早晚将会走上失败之路，因为他早已没有自知之明了。一个没有自知之明的人做事就如同盲人摸象，又如何会取得成功呢?

好自我炫耀的人，常常是外强中干的。他们的目的只不过是为了引起大家对他们的关注，以满足自己的虚荣心。没有本事就不要胡乱吹嘘，否则被人揭穿真相会颜面尽失；有真本事也不要挂在嘴上，俗话说"群众的眼睛是雪亮的"，你有几斤几两，旁观的人心知肚明。因此还是收敛一下嘴上功夫，用行动说话最好。

耍小聪明只会自食其果

洪应明在《菜根谭》中说："文章做到好处，无有他奇，只是恰好。"才智的使用也是如此，用至好处，应是适当。当智则智，当愚则愚，愚也是一种智。必要时，甚至装一装"低能儿"，做一做"糊涂人"，都是明智之举。明朝刘基云："智而能愚，则天下之智莫加焉。"意思是说，智者能带几分愚，就是天下的大智慧了。所以说，大智若愚总是智，贵在"大智"，妙在"若愚"。

可惜很多爱慕虚荣的人都不懂得大智若愚的道理，他们认为自己聪明过人，有才气，能力强，故而沾沾自喜，看谁都是豆腐渣，唯有自己是朵花。

其实，聪明人分两种，一种是真聪明，一种是假聪明，也就是小聪明，区别在于他们对聪明的使用不同。前者懂得韬光养晦，也就是能够审时度势地做到深藏不露，不到火候时不会轻易使用，做到大智若愚；后者则盲目自傲、自以为是、好大喜功，这就是小聪明。

西方有这样一种说法：法兰西人的聪明藏在内，西班牙人的聪明露于外。前者是真聪明，后者是假聪明。在从政的过程中，在出将入相的过程中，切忌只知伸而不知屈，只知进而不知退，只知要小聪明而不知深煎于密，只知自我显示而不知韬光养晦。

古人说："君子要聪明不露，才华不逞。"如果一个人总是喜欢显露自己的才干，那么他必然会遭受很多的挫折，这是做人太单纯的表现。在现实生活中，做人要善于藏锋露拙。有才干本是好事，但是带刺的玫瑰最容易伤人，也会刺伤自己。

所以，真正聪明的人会掌握"度"。所谓"过犹不及"，就是说，太聪明了反倒不如不聪明。明代大政治家吕坤以他自己丰富的阅历和对历史人生的深刻洞察，在《呻吟语》中说了一段十分精辟的话："精明也要十分，只须藏在浑厚里作用，古今得祸，精明人十居其九，未有浑厚而得祸者。今之人唯恐精明不至，乃所以为愚也。"译成今天的话就是：精明还是非常需要的，但要在"浑厚"中悄悄地运用。古往今来得祸的人绝大多数都是精明的人，没有因浑厚而得祸的。现在的人唯恐不能精明到极点，这就是他们之所以愚蠢的原因啊！

要小聪明的人有两种灾祸，一个是被人猜忌防范而招祸，另一个是自己会把事情办坏而难成大事。它可以使人得意于一时，获得心理上的满足，然而终究还是自毁，永远不会取得真正的、伟大的成功。一个欲成大事的从政人员若要小聪明，就会早早地被扼杀在摇篮里。因而，我们要从杨修之死中汲取深刻的教训，在人际关系复杂的社会里，不要一味只是耍小聪明，炫耀自己的才能，必须懂得待人接物的大智慧，才不致吃亏、遭忌。

《菜根谭》中说："操履不可少变，锋芒不可太露。"意指自己的操守和志向不可有一点儿改变，自己的才华和锐气更不可过分地暴露。又说："聪明人宜敛藏，而反炫耀，是聪明而愚懵其病矣！如何不败?"一个才智出众的人，应该是聪明不露、才华不逞、深藏若虚的。若自以为了不起，过分炫耀自己，表面上看来像是聪明，其实却有点儿近乎无知，这样的人又如何不失败呢?

锋芒毕露，炫耀才能，不仅会招致旁人忌恨，并且也会使自己轻浮自傲，恃才傲物。所以，一个人无论身处官场还是商场，都最忌一味地耍小聪明，不管必要或不必要，不管合适不合适，时时处处显露精明，那样不仅不会对你未来的发展有所帮助，反而会成为招灾引祸的根源。

才高自敛方是自保之道

我们身边总是不缺自视清高的人，更不缺狂妄自大的人，他们自恃有才，就好为人师，目中无人，就忘记了"山外有山，楼外有楼"的道理。本来有才华是上帝对个人的恩赐，可是如果人们将这当成骄傲的资本，那结果就不尽如人意了。

祢衡年少才高，目空一切。建安初年，20 出头的祢衡初到许昌。当时许昌是汉王朝的都城，名流云集，司空掾、陈群、司马朗、荡寇将军赵稚长等人都是当世名士。有人劝祢衡结交陈群与司马朗。祢衡说："我怎能跟杀猪、卖酒的在一起?"劝其参拜赵稚长，他回答道："荀某白长一副好相貌，如果吊丧，可借他的面孔用一下；赵某是酒囊饭袋，只好叫他看厨房了。”这位才子唯独与少府孔融、主簿杨修意气相投，对人说：“孔文举是我大儿，杨德祖是我小儿，其余碌碌之辈，不值一提。”由此可见他何等狂傲。

献帝初年间，孔融上书举荐祢衡，大将军曹操有召见之意。祢衡看不起曹操，抱病不出，还口出不逊之言。曹操求才心切，为了收买人心，还是给他封了个击鼓小吏的官，借以羞辱他。一天，曹操大会宾客，命祢衡穿戴鼓吏衣帽当众击鼓为乐，祢衡竟在大庭广众之中脱光衣服，赤身露体，使宾主讨了个没趣。曹操恨祢衡入骨，但又不愿因杀他而坏了自己的名声。

曹操心想像祢衡这样狂妄的人，迟早会惹来杀身之祸，便把祢衡送给荆州的刘表。祢衡替刘表掌管文书，颇为卖力，但不久便因倔傲无礼而得罪众人。刘表也聪明，把他打发到江夏太守黄祖那里去。祢衡为黄祖掌书记，起初干得也不错。后来黄祖在战船上设宴，祢衡因说话无礼而受到黄祖呵斥，祢衡竟顶嘴骂道：“死老头，你少啰嗦！”黄祖是个急性子，盛怒之下便把他杀了。当时，祢衡仅26岁。

祢衡文才颇高，桀骜不驯，本有一技之长，受人尊重。但是祢衡没有因为这一技之长而受惠于世。他恃一点儿文墨才气便轻看天下。殊不知，一介文人，在世上并非有什么不得了，赏则如宝，不赏则如败履，不足左右他人也。祢衡似乎不知道这些，他孤身居于权柄高握之虎狼群中，不知自保，反而放浪形骸，无端冲撞权势人物，最后因狂纵而被人杀害。

其实，一个人狂妄自大的程度并不取决于他有多少学问，而是取决于他的态度。也就是说，狂妄的人实际上也许并没有多少学问，往往是自吹自擂，夸夸其谈。他们所表现的高傲、不屑一顾等神态，实际上是一种心灵空虚的补充剂，以维持其虚荣心。

在一个风景优美、繁密茂盛的森林里，居住着许多动物，不但有狮子、老虎、狼、狐狸等食肉动物，还有蚊子、蜘蛛这样的小生命。

有一只蚊子，它每天都在想：“在这个王国中，狮子应该是百兽之王了吧，没有比它更有力更强大的动物了。只要我能把它打败，那么我将会成为森林大帝。”

经过一番认真的准备，这只蚊子终于向狮王宣战了。它扇动着翅膀飞到狮子面前，对狮子说：“狮子，我不怕你，你并不比我强大，不信，咱们较量较量。”

可惜蚊子的声音太弱小，狮子根本没听见，仍在那儿悠然地闭目养神。蚊子见了，气得火冒三丈，用尽吃奶的劲儿对狮子喊道：“你这只笨狮子，咱们比试比试，看你有什么本事？不论是用爪子抓，还是用牙齿咬，我都比你强得多。”说完蚊子吹着喇叭，鼓足了力气向狮子冲去。

狮子这下可慌了，觉得脸上奇痒无比，睁大了眼睛瞧，还是看不清蚊子进攻的方向。蚊子恶狠狠地向狮子的脸上咬去，它专咬狮子鼻子周围没有毛的地方。狮子左躲右闪，用力晃动着头，张开血盆大口猛扑向蚊子，只是蚊子小巧灵活，狮子的嘴巴总是落空。气得它拼命挥动着爪子，一顿乱抓乱挠，尽管如此，它还是没有捉住蚊子。

蚊子高兴极了，向狮子威胁说：“快认输，不然我咬死你。”狮子从来没受过这个罪，它怒吼着扑向蚊子，不过很遗憾，又失败了。气得狮子哇哇乱叫，蚊子趁势又朝狮子发动了进攻，叮得狮子用爪子把自己的脸都抓破了。没办法，狮子只有落荒而逃。

“我赢了！”蚊子得意地吹着胜利的喇叭，唱起欢乐的凯歌飞走了，一边走一边喊：“我战胜了狮子，我才是最了不起的，我要当森林之王。”蚊子得意忘形地飞着，完全忘了四周存在的危险，突然，它钻进了一个软软的东西中，身体被粘住了。它挣扎着，想要离开，但是越挣扎粘得越紧，这下它清醒了，原来自己被蜘蛛网粘住了。

一只蜘蛛凶相毕露地向它爬来，蚊子完全被胜利冲昏了头脑，并没有意识到自己的险境，它大声地对蜘蛛说：“蜘蛛，我刚刚打败了狮子，你快放了我，我不屑和你打仗。”蜘蛛听了冷笑道：“蚊子，你别白费气力了，不管你曾经打败过谁，现在都是我的俘虏，吃掉你易如反掌，你将成为一只蜘蛛的晚餐。”

蚊子最后叹息着说：“我同最强大的动物都较量过，取得了辉煌的战果，没想到却败在一只小小的蜘蛛手上。”

无论什么时候，都不要争强好胜，更不要狂妄自大。要知道，强中更有强中手。争强好胜、狂妄自大可能一时会得胜，但一定不会长久。这样的人，迟早会自食其恶果。恃才傲物放在心中无关紧要，如果在言行上表现出来，就会招来诸多的祸端。

不要躺在过去的辉煌里长睡不醒

如果你曾经站在充满鲜花和掌声的领奖台上，那是值得你骄傲的。但是对于现在来说，那已经成为永远的过去了，别人不会永远记住你的风光，你也不要把那一次成功当成永远的成功和永远骄傲的资本，不要躺在那温暖的赞扬声里长睡不醒!

由于事业取得了一定的成功而骄傲，有些人常常把一时的成功当做永久的成功，从此固步自封，止步不前，甚至前功尽弃。

我们常说：“好汉不提当年勇，”说的就是这个道理。但是，很多人常常不能走出曾经胜利的辉煌记忆，习惯沉浸于虚无的胜利幻想中。他们因为过去的一次成功就自我满足，眼前显现的永远是早已逝去的鲜花与掌声。所以，他们自视清高、目中无人，更有甚者，为了维护自己的所谓“面子”和虚荣心，非但自己不思进取，还伺机嘲讽别人的努力，最终导致了正常心理的扭曲。

有新闻报道：“某大学一名男生自杀了!”消息很快传遍了整个校

园，整个城市乃至全省。谁能相信他会自杀呢？4 年前，他可是以全省第一名的成绩考入这所大学的。一个如此优秀的学生怎么会轻生呢？

熟悉他的同学、老师和老乡，都为他的轻率而备感痛心。谁能想到 4 年前他的风光呢？这所大学虽是重点，却一直鲜有省状元考进来。他进校后，学校领导、老师对他倍加重视，仅他个人的宣传就做了半个学期，他成了全校的热点人物，简直是无人不知、无人不晓。

老师的宠爱、同学的羡慕以及一些人的吹捧，让他有了飘飘然的感觉。从此，他变了，从那个勤奋上进、谦虚好学的少年变得极其高傲，他想当然地认为自己就是最棒的。所以，当然就不用像其他同学一样刻苦用心。他经常因为觉得老师讲得不好而不去上课，也从不参加集体活动，而是时常沉浸于武侠小说、言情小说的世界里混沌度日。

老师为他的滑坡而担忧，经常劝导他要戒骄戒躁，可是他总是把老师的话当做耳边风。他认为，自己这么聪明，对付那些考试是小菜一碟。就这样，虽然他从未在期末考试中挂“红灯”，但成绩平平。转眼到了大四，保研名单上自然没有他。于是，他终于不甘示弱起来，向全班同学宣称，他要考上全国最著名大学的计算机硕士研究生。

从此，他开始起早贪黑地学习了。无奈，由于大学期间专业功底太差，最终他的成绩没有过线。这对于骄傲惯了的他来说，无疑是当头一棒，整个人像崩溃了一样，在成绩公布榜前默默伫立了很久。

当天晚上，宿舍的同学发现他没回来休息，也没太在意，以为他心情不好，去哪里散心了。可是，第二天一大早，人们在教学楼前发现了他的尸体。他的口袋里装着一份浸透了鲜血的成绩通知单和一封遗书。他说：“因为我知道自己再也骄傲不起来了，所以我选择了死亡。对我而言，没有了骄傲就如同剥夺了我的生命。”

一个年轻的生命就这样离去了，正是因为他一贯沉醉于自己曾经的辉煌之中，一旦梦幻变得支离破碎，他那颗习惯了赞扬和追捧的心，便难以负荷以至于精神崩溃。有一位哲学家说过："一个人若种植信心，他会收获品德。"而一个人若种下骄傲的种子，他必将收获众叛亲离的果子，甚至带来不可预知的危险。这位男同学如此那般地自满自得，不懂得戒骄戒躁，脚步一味地停留在原地，而虚荣心却日益膨胀，最终由于心理压力承受不住，使年轻的、本来该有所作为的生命走向了终结。可悲的是，直至死前他也未能明白自己失败的原由，是骄傲害了他，是虚荣心害了他！

人如果有了名气，常常会飘飘然。那个4岁就懂得让梨的孔融，是家喻户晓的人物。小小年纪就出名，长大后先被提拔做了侍御史，后来又改任北海相。他以为自己既有才又有名望，所以待人傲慢，甚至多次戏弄与侮辱曹操，同其他官吏也合不来，遭到上怒下怨，以致遭人陷害，说他想图谋造反，不但自己遭受杀身之祸，而且殃及到两个儿子。

拿破仑，一个著名的军事家，也是一个只愿躺在过去的辉煌里不愿醒的人。他率领的军队曾出奇制胜，所向无敌。可是胜利冲昏了他的头脑，战绩使他骄傲自大，目空一切，武断专横。他过高地估计自己，丧失了客观分析敌情的能力，终于导致滑铁卢战役的失败，由战争之神变为阶下囚。

大文豪王尔德曾说："人们把自己想得太伟大时，正足以显示本身的渺小。"因为"人外有人，天外有天"，谁也不是常胜将军。曾经的胜利，曾经的辉煌，就应该留在心底，闲来无事，偶尔拿出来回味一下实无不可。万不可把它当成永远的荣耀而从此止步不前。一个真正的智者，是不愿靠吃老本生存的，更不会原地踏步，而是力求百尺竿头更进一步。

一辈子总对自己不满意，这是胆小怕事的表现；一辈子自满自得，这是愚蠢的表现。过分地自我感觉良好实际上是一种无知，它虽能满足自己一时的虚荣心，也常使人错生优越感和自我幸福感，但实际上是自欺欺人，最终导致心理的变态和精神的崩溃。

第五章　恭恭敬敬地低头，踏踏实实地做事

就做事的风格而言，有的人习惯于投机钻营，有的人习惯于稳步前进；有的人好高骛远，有的人喜欢脚踏实地。其结果往往也体现出这样的规律：越是放低身段、眼睛向下、踏实做事的人，越能登得高、走得远。

眼高手低害人不浅

“千里之行，始于足下”，要想成就大事就必须要从小事做起，眼高手低是做人做事的大忌，只有脚踏实地才能把梦想化为现实。

有些人总是有很高的梦想，他们不屑于眼前的一些小事。旁人在他们眼中，也大多是一群庸庸碌碌之辈，谈不上有什么共同语言。但在最初交往时，人们往往会被他们表面的雄心壮志所迷惑，老板也会认为他们是难得的栋梁之材。而事实上，他们眼高手低，大部分时间都沉浸在自己宏伟的梦想中，长此以往，他们不能也不会作出什么成就，曾经的雄心壮志难免会变成同事们茶余饭后的玩笑。除非他们幡然悔悟、奋起直追，否则，等待他们的往往是慢慢沉沦，或者跳到其他的公司去继续发牢骚，即使这样，同样的悲剧也难免再次上演。

郭英毕业于某大学外语系，她一心想进入大型的外资企业，最后却不得不到了一家成立不到半年的小公司“栖身”。心高气傲的郭英根本没把这家小公司放在眼里，她想利用试用期“骑马找马”。

在郭英看来，这里的一切都不顺眼——不修边幅的老板、不完善的

管理制度、土里土气的同事……自己梦想中的工作可完全不是这么回事啊。“怎么回事？”“什么破公司？”“整理文档？这样的小事怎么让我这个外语系的高材生做呢？”“这么简单的文件必须得我翻译吗？”“就一篇小报告而已，为什么自己不写要我帮忙呢？”“噢，我受不了了！”

就这样，郭英天天抱怨老板和同事，愁眉不展、牢骚不停，而实际的工作却常常是能拖则拖，能躲就躲，因为这些“芝麻绿豆的小事”根本就不在她的思考范围之内，她梦想中的工作应该是一言定千金的那种。唉，梦想为什么那么远呢？

试用期很快过去了，老板认真地对她说：“我们认为，你确实是个人才，但你似乎并不喜欢在我们这种小公司里工作，因此对手边的工作敷衍了事。既然如此，我们也没有理由挽留你。对不起，请另谋高就吧！”

被辞退的郭英这才清醒过来，当初自己应聘到这家公司也是费了不少力气的，而且就眼前的就业形势来看，再找一份像这样的工作也很困难啊。初次工作就以“翻船”而告终，这让郭英万分失望与后悔，可一切都已晚矣！

有些人则不同，他们也有很高的梦想，但他们不会每天都深陷于幻想中而难以自拔，他们会制订好切实可行的计划，从现在的工作开始做起，从一点一滴的小事做起，并这样毫不松懈地坚持下去。他们知道除非他们努力把事情做成，否则什么也不会发生。就这样，他们一步步地默默努力着。终于有一天，他们晋升成为公司的骨干，所有人都不禁会大吃一惊，但仔细回想，这一切其实纯属正常，毕竟天助自助者。梦想对于他们，已经变成了活生生的现实。

李妍就是靠低调的做人风格，踏实的工作态度，让自己脱颖而出的。

李妍大学一毕业就去了南方，然后顺利地在一家跨国公司找到了一个职位。

上班的第一天，李妍就发誓要让自己成为公司里的不可或缺者之一。

李妍负责的工作是档案管理，资源管理专业出身的她很快就发现了公司在这方面存在的弊端。她开始连夜加班，大量查阅资料，运用所学的理论知识写出一份系统的解决方案，并将公司内部的工作运行流程、市场营销方式以及后勤事务的规范，也整理出一套完整的方案，然后一并发到行政经理的电子信箱中。没过几天，行政经理就请她到公司的餐厅喝咖啡，离开时语重心长地拍了拍她的肩头：“公司对勤奋的人，向来是给予足够的空间施展才华的，好好努力。”

于是李妍更加勤奋地努力工作。公司想竞标一个大商厦周围的霓虹灯方案，同事们整天翻案例、找朋友，忙得焦头烂额。李妍白天做自己分内的工作，晚上却通宵不眠，熬红了眼做方案文书。竞标前一天交方案时，李妍去得最晚，行政经理不解：“你们部门的已经交来了。”李妍充满信心地看着他说：“这是不一样的!”竞标的当天，各种方案一下子被否决掉好几份，公司高层开始紧张，决定试试李妍的方案。这一试就让李妍为公司立下了汗马功劳。

第二天，消息就传遍了整个公司，大家都知道了人事资料管理科有个叫李妍的人很出色。

一个月之后，公司人事大调整，原来的部门经理调去别的部门，新来的行政任命文件上赫然印着李妍的名字。在同事们复杂的眼光里，李妍收拾好自己的东西，迈着悠闲的脚步走进了18层那间豪华的办公室。

想一想你周围的人们，像郭英或者李妍这样两种截然不同的人应该都不在少数。也许你会对那些刚开始豪情万丈的人充满由衷的向往，忍不住在心中勾画起自己的蓝图来。这样做是没有错的，每个人都应该有自己的理想，但理想一定要切合实际，更重要的是，你要做好行动的计划和准备，要通过自己的努力实现理想。因此，那些像蜜蜂般踏实努力地工作并取得了一定成绩的人才是真正值得我们去学习的。毕竟，每个人来公司都是要做一些事情的，只有空想是不行的，如果每天都沉浸在自己的梦想中，以至于耽误了正常的工作，想做的还做不到，该做的又不去做，老板会继续留用你吗？同事们会视而不见、毫无怨言吗？

一个浮躁、眼高手低的人是很难做到低调的。大多数年轻人抱着过高的目标接触现实环境时，感到处处不如意、事事不顺心，于是就整天高调地抱怨。也许，这样的人只有在理解了低调的内涵时，才会减少一些碰壁的机会。

低调为高标的起点

你可以在心中给自己树立一个较高的定位，但在具体地为人处世时，如果你降低姿态，你就会发现人性中那一面面光辉的心灵之镜都愿意为你照亮前行的路。你可以有自己的高标追求、高标处世之风，但低调做人，不彰显自己的优势，才可能像一棵树一样，用根系从更低更深处汲取养料，让树茎和树冠向更高、更辉煌的地方延伸。如果你只顾让自己人性的树冠长得蓬勃，枝繁叶茂，而忘记了那些可以供给你养料的大地，你的根系就会萎缩，只要有风吹浪打，你这棵树定会摇摇欲坠，无法立足。所以，低调做人是高标生存的起点。

“卧薪尝胆”的故事也许人们早已熟记于心，其实，这何尝不是一个低调做人的典范，不是一个重新确立自己的处世姿态并从低起点起步发奋的惊警案例？

公元前494年，吴王夫差为报越国杀父之仇，亲率大军进攻越国。越国勾践率军迎战，在夫椒对阵。结果吴军得胜，顺势攻破越国国都会稽，俘虏了越王勾践。

吴王夫差为了实现霸业，显示自己的宽宏大量，决定不杀勾践，只派他在吴国的宫里养马。勾践带着夫人和相国范蠡天天小心谨慎地为吴王当马夫。有一次，吴王夫差生了一场大病，勾践殷勤服侍。夫差见他“忠诚”，就放勾践回国。回国后，勾践一心要报仇雪耻。他重新定都会稽，委派文种管理内政，任命范蠡训练军队，加强战备。

勾践唯恐眼前的舒适的生活会把自己的志气消磨掉，就改变了日常生活，把软绵绵的褥子撤去，以草做褥。在吃饭的地方挂上一个苦胆，每逢吃饭时，先尝一尝苦味，提醒自己不忘雪耻。亡国以后，人口减少了，为了增加人口，勾践就订出几条奖赏生养的条例。例如：上了年纪的人不准娶年轻姑娘做媳妇；男子到了20岁，女子到了17岁，还不成亲的，他们的父母要受处罚；快要临盆的女人，必须报官，好派官医前去照顾她；添个儿子，国王赏她二壶酒，一头猪；添个姑娘，国王赏她一壶酒，一头小猪；有两个儿子的，官家代养一个；有3个儿子的，官家代养两个。耕种的时候，越王还亲自拿锄头在地里干活，目的是让庄稼汉提起精神，加把劲儿种地，多存粮食。国王的夫人也走出去，看望织布纺线的姑娘和老人们，没事时，自己也在宫里织布。7年里，国家免收捐税，越王自己穿衣、吃饭也处处节省。

而此时吴王夫差却自以为成了霸主，骄傲起来，一味地贪图享乐。

公元前482年，夫差带着精兵去黄池会盟，一心想早日成为霸主。这时，越国已十分强盛了。勾践见时机已成熟，便乘机出兵打败了吴国，成为春秋末期的霸主。

在夫差面前勾践如若不能低调，恐怕早已成为刀下之鬼。那时的勾践用低调保全了自己的性命。回到越国之后，如果他忘记了低调，如何能让自己的国家再次休养生息，日益强大，最终可以与吴王对垒？勾践的再次崛起是低调和高标的统一。这就是成功人士的立身原则。

要学会把自己的姿态摆得比别人低，让自己的心志站得比别人都高。前者是低调做人的训诲，后者是进入高标生存境界的必然。为自己设定高远的目标，严格要求自己，从小处着手，从低处起步，这样一点一滴地做起来，才能使自己在这个世界上获得壮美的人生。高标是成功的必然要素，而低调做人则是规避失败的韬晦手段。所以，高标处世和低调做人并非一对矛盾，而是一脉相承、互为表里、相得益彰的。

低调的人生是一种修养、一种境界、一种风度，一种只有少数人才能有的情怀。以低调人世者，因为具备了人性中最具光辉的人格魅力，而颇能伸缩自如，避重就轻。那张永不骄傲、张扬、卖弄的脸让人感到亲切无比，那种平淡、优雅、从容的举止让人乐与为伍。因此，即使他们一时有难在身边也不乏援手。所以，他们的生存之路因为有了这些才会走得游刃有余，光辉灿烂。

孟买佛学院是印度最著名的佛学院之一。这所佛学院之所以著名，除了它的建院历史久远、培养出了许多著名的学者之外，还有一个特点是其他佛学院所没有的。这是一个极其微小的细节，但是，所有进入过这里的人，当他再出来的时候，几乎无一例外地承认，正是这个细节使他们顿悟，正是这个细节让他们受益无穷。

原来孟买佛学院在它的正门一侧，又开了一个小门，这个小门只有1.5米高，一个成年人要想过去必须要低头，否则就只能碰壁了。

这正是孟买佛学院给它的学生上的第一堂课。所有新来的人，教师都会引导他到这个小门旁，让他进出一次。很显然，所有的人都是低头弯腰进出的，尽管有失礼仪和风度，却可以使人有所领悟。教师说，大门当然出入方便，而且能够让一个人很体面、很有风度地出入。但是，有很多时候，我们要出入的地方并不都是有着壮观的大门的。这个时候，只有暂时放下尊贵和体面的人才能够出入。否则，有很多时候，你就只能被挡在院墙之外了。

佛学院的教师告诉他们的学生，佛家的哲学就在这个小门里，人生的哲学也在这个小门里，尤其是通向这个小门的路上，几乎是没有宽阔的大门的，所有的门都是需要弯腰低头才可以进去的。

我们不是佛教徒，但我们同佛教徒一样，要走完自己的人生之路。要使自己在人生旅途中一帆风顺，少遇挫折，弯腰、低头是最好的入世方式，对每个人来说这都是一门必不可少的人生功课。而低调做人正是这种人生功课的最佳成绩。

无论顺境、逆境，低调一点儿终归没有害处。倘若你还未学会低头、弯腰地通过人生的那道门，碰壁就再所难免。而当你在碰壁了之后才学会弯腰、低头，只怕通过的时候也已错过了最好的境遇。因此，不要等到吃亏了才知道该长一智。

成功需要踏实的双脚，而不是幻想的翅膀

一些人总是羡慕别人的成功，希望自己有朝一日也能取得如此成绩，可是却不肯踏踏实实地努力，只在自己幻想取得的成绩上沾沾自喜。总有一天真相会败露，到那时，自惭形秽得无地自容，才明白是虚荣害了自己。

爱默生告诫我们："当一个人年轻时，谁没有空想过？谁没有幻想过？想入非非是青春的标志。但是，我的青年朋友们请记住，人终归是要长大的。天地如此广阔，世界如此美好，等待你们的不仅仅是需要一对幻想的翅膀，更需要踏踏实实的两只脚！"

一年夏天，一位来自马萨诸塞州的乡下小伙子登门拜访年事已高的爱默生。小伙子自称是一个诗歌爱好者，从 7 岁起就开始进行诗歌创作，但由于地处偏僻，一直得不到名师的指点，因仰慕爱默生的大名，

故千里迢迢地前来寻求文学上的指导。

这位青年诗人虽然出身贫寒，但谈吐优雅、气度不凡。老少两位诗人谈得非常融洽，爱默生对他非常欣赏。

临走时，青年诗人留下了薄薄的几页诗稿。

爱默生读了这几页诗稿后，认定这位乡下小伙子在文学上将会前途无量，决定凭借自己在文学界的影响大力提携他。

爱默生将那些诗稿推荐给文学刊物发表，但反响不大。他希望这位青年诗人继续将自己的作品寄给他。于是，老少两位诗人开始了频繁的书信往来。

青年诗人的信一写就长达几页，大谈特谈文学问题，激情洋溢，才思敏捷，表明他的确是个天才诗人。爱默生对他的才华大为赞赏，在与友人的交谈中经常提起这位诗人。青年诗人很快就在文坛上有了一点儿小小的名气。

但是，这位青年诗人以后再也没有给爱默生寄过诗稿，信却越写越长，奇思异想层出不穷，言语中开始以著名诗人自居，语气越来越傲慢。

爱默生开始感到了不安。凭着对人性的深刻洞察，他发现这位年轻人身上出现了一种危险的信号。通信一直在继续，爱默生的态度逐渐变得冷淡，成了一个倾听者。

很快，秋天到了，爱默生去信邀请这位青年诗人前来参加一个文学聚会。他如期而至。在这位老作家的书房里，爱默生问这位青年人："后来为什么不给我寄稿子了？"

"我在写一部长篇史诗。"青年诗人自信地答道。

"你的抒情诗写得很出色，为什么要中断呢？"

"要成为一个大诗人就必须写长篇史诗，小打小闹是毫无意义的。"

"你认为你以前的那些作品都是小打小闹吗？"

“是的，我是个大诗人，我必须写大作品。”

“也许你是对的。你是个很有才华的人，我希望能尽早读到你的大作品。”爱默生有点儿无奈地说。

青年诗人完全没有听出爱默生的无奈，而是很自傲地说：“谢谢，我已经完成了一部，很快就会公之于世了。”

文学聚会上，这位被爱默生所欣赏的青年诗人大出风头。他逢人便谈他的伟大作品，表现得才华横溢，锋芒咄咄逼人。虽然谁也没有拜读过他的大作品，即便是他那几首由爱默生推荐发表的小诗也很少有人拜读过，但几乎每个人都认为这位年轻人必将成大器。否则，大作家爱默生能如此欣赏他吗？

转眼间，冬天到了。

青年诗人继续给爱默生写信，但从不提起他的大作品。信越写越短，语气也越来越沮丧，直到有一天，他终于在信中承认，长时间以来他什么都没写。以前所谓的大作品根本就是子虚乌有之事，完全是他的空想。

他在信中写道：“很久以来我就渴望成为一个大作家，周围所有的人都认为我是个有才华、有前途的人，我自己也这么认为。我曾经写过一些诗，并有幸得到了阁下您的赞赏，我深感荣幸。使我深感苦恼的是，自此以后，我再也写不出任何东西了。不知为什么，每当面对稿纸时，我的脑中便一片空白。我认为自己是个大诗人，必须写出大作品。在想象中，我感觉自己和历史上的大诗人是并驾齐驱的，包括尊贵的阁下您。在现实中，我对自己深感鄙弃，因为我浪费了自己的才华，再也写不出作品了；而在想象中，我是个大诗人，我已经写出了传世之作，已经登上了诗歌的王位。”

在信的末尾他诚恳地写道：“尊贵的阁下，请您原谅我这个狂妄无知的乡下小子……”从此后，爱默生再也没有收到过这位青年诗人的来信。

那些成功的人总是看似一夜成名，实际上是以他们投入的无数心血作为代价的。不要以为成功是一件多么容易的事，一个人能够站在成功之巅，他依靠的不仅是自己的才能，而更多的还有他脚踏实地、坚持不懈的努力。如果你想取得成功，就请你放下缥缈的幻想，正确衡量自己的能力，从脚下开始！

要理解实干重于虚名的意义

大智者知道，任何人都不可能只凭虚名而无实际能力而长久地屹立于世间。因此，他们在工作过程中不会投机取巧，而是认认真真、踏踏实实地做自己的工作，这在那些重虚名的人眼里，也许应该算作是一种糊涂，或者是傻吧。可是，时间和成绩会证明一切。所以，那些看似糊涂、老实的人，实际上并非真糊涂，而是他们比别人更具有长远的眼光和深刻的思想。

世上有以金钱财富为荣者，有以职称名誉为荣者，有以文凭服饰为荣者……然而，这些东西都不能表明一个人的真实价值。如果一个人不是通过自己的劳动和创造，为社会和他人作出自己应有的贡献，如果不是坚持正直、诚实、高尚的人格，那么一切的财富、地位、职称、文凭、服饰，以及华而不实的“知名度”，都不过是掩盖其真相的假面具，而这假面具也终究会有被揭穿的一天。

俗话说：发光的并不都是金子，而金子却一定会发光。我们还是应该分清人生的真实和虚假，力求真实而高尚的人生。

一次老同学聚会上，谁也没想到阿昆是混得最好的人，更没想到的是，从毕业至今，他竟然在一个公司待了10年！10年，现在还有谁会在一家公司干上10年？能做5年就已经是奇迹了。他现在是一家外资企业的生产总经理，年薪20万。他是自己开小车来的，全班仅他一个。不少同学齐声向他讨教成功之道，谁知他只有一句话："我只为今天的牛奶。"

他说："其实我也曾想过换个环境，但现在的工作这么难找，再说，你又不能保证新工作会比原来的好，与其这样浪费精力，倒不如全身心投入到现在的工作上去，多学点儿东西。我在生产线待了3年，然后当技术员两年，后来当上了副经理，现在把副字去掉了……为今天的牛奶努力吧，兄弟们，别这山望着那山高。我们常说'牛奶会有的，面包也会有的'，可是我们必须得为今天的牛奶努力，不然一切都没有了。"

对一个聪明人来说，每一天都是一个新的开始，你当然可以谋划自己的理想和前程，甚至可以放眼世界，寻找更好的机会，但不要忘了我们首先得为"今天的牛奶努力"，在每个"今天"执著、踏实地走好每一步。

然而，今天有一种说法叫做：光有埋头苦干的精神不行，还得会利用关系。许多人认为，现在学会做人比干好工作更重要，会"做人"的人吃香，而一门心思干工作，不过是"傻干"，是糊涂，得不到一点儿好处。有人结合自己的亲身经历得出了"光靠实干要吃亏"的结论。为什么有人会欣赏"既要干工作更要拉关系"的观点呢？问题恰恰出在没把"做什么人"、"做老实人是否吃亏"等问题搞清楚。

有些人受社会上流传的"干得好不如关系硬"、"辛苦干一年，不如领导家里转一转"等歪理的影响，片面地相信关系是万能的，导致其价值取向和思想道德标准发生偏移，曲解了做人的真谛，把做人之道庸俗化了。如何做人，可以反映出一个人的人生态度、道德情操和思想境界。我们不否认身边确有极少数人靠拉关系得到"回报"和"好处"，但绝大多数是靠实干获得进步的，这也是事实。靠实干赢得进步，才有做人的尊严，才能得到他人的敬佩。

《饭后闲话》中写道：达尔文写《物种起源》用了28年，徐霞客写《徐霞客游记》用了34年，哥白尼写《论天体的运行》用了36年，托尔斯泰写《战争与和平》用了37年，马克思写《资本论》用了40年，歌德写《浮士德》用了60年。

真让人感叹！我们同时能想到相似的数据：爱迪生发明蓄电池，试验了一万多次才告成功；诺贝尔研制无烟炸药，屡败屡试，煎熬8年才出成果；居里夫人于1350多个日夜里重复着做脏重的体力劳动，才从8吨沥青铀矿残渣中提炼出1克（八百万分之一）的镭；陈景润为证明"1+1"，拖着严重衰竭的病体，顶着种种无知的嘲讽，于斗室中、油灯下埋头演算……

以上人物，以文学艺术或科学技术上的巨大成就，为人类社会的进步作出了杰出的贡献。按通常的理解，他们都有卓绝的聪明才智，都属于天才。然而，这里非但没有读出他们的聪明才智，反而读出了他们非凡的糊涂劲儿来。写一部书，有的人花费了数十年，有的人尽毕生精力，能说不糊涂？而另外几位，除了几近疯狂地埋头于自己的选择，简直不知世上还有其他可爱的事物，能说不糊涂？我们的世界丰富多彩，人生可享受的美妙也数不胜数。许多聪明的人，有条件享受的，就去充分享受，没条件享受的，也挖空心思创造条件享受。哪像他们，糊涂到这般地步，连常人应有的享受也随便放弃了，而且千方百计地自找苦头来吃！

可是，他们的最终成功却是得益于这种"糊涂"。

只有低下头去做才有出路

生活中，我们往往会遭遇到别人的贬斥或不公的评论。此时，任何人都不可能心里舒服，于是，心浮气躁者就容易与人发生争执来证明自己的高明，就算争论成功也只能得到对方口头上的让步。然而，真正的聪明人却永远都不会采取这种方式加以证明自己，而是选择用实际成绩来证明一切。在受到别人质疑的时候暂时沉默，糊涂地对待外界的一切干扰，而暗地积蓄力量以求厚积薄发。

麦克·史瓦拉是位美国的电视节目主持人，他所主持的“60 分钟”是人人乐道的节目。在刚进入电视台的时候他是一名新闻记者，因他口齿伶俐，反应快，所以除了白天采访新闻外，晚上又报道 7 点半的黄金档。以他的努力和观众的良好反应，他的事业应该是可以一帆风顺的。

很不幸的是，因为麦克为人很直率，一不小心得罪了顶头上司新闻部主管。有一次在新闻部会议上，新闻部主管出其不意地宣布：“麦克报道新闻的风格奇异，一般观众不易接受。为了本台的收视率着想，我宣布以后麦克不要在黄金档报道新闻，改在深夜 11 点报道。”

这个毫无前兆的决定让大家都很吃惊，麦克也很意外。他知道自己被贬了，心里觉得很难过，但突然他想到“这也许就是上天的安排，是在帮助我成长”，他的心渐渐地平静下来，表示欣然接受新差事，并说：“谢谢主管的安排，这样我可以利用 6 点钟下班后的时间来进修。这是我早就有的希望，只是不敢提起罢了。”

此后，麦克天天下班之后就去进修，并在晚上 10 点左右赶回电视台准备 11 点的新闻。他把每一篇新闻稿都详细阅读，充分掌握它的来龙去脉。他的工作热诚绝没有因为深夜的新闻收视率较低而减退。

渐渐地，收看夜间新闻的观众愈来愈多，好评也愈来愈多。随着这些不断的好评，有些观众也责问:“为什么麦克只播深夜新闻，而不播晚间黄金档的新闻?”询问的信件、电话不断，终于惊动了总经理。

总经理把厚厚的信件摊在新闻部主管的面前，对他说:“你这新闻主管怎么搞的?像麦克这样的人才只让他播晚间新闻，而不是播7点半的黄金时段?”

新闻部主管解释说:“麦克希望晚上6点下班后有进修的机会，所以不能排上晚间黄金档，只好排他在深夜的时间。”

“叫他尽快重回7点半的岗位。我下令他在黄金时段中播报新闻。”总经理说道。

就这样，麦克被新闻部主管“请”回黄金时段。不久之后，被选为全国最受欢迎的电视记者之一。

又过了一段时间，电视界掀起了益智节目的热潮，麦克获得十几家广告公司的支持，决定也开一个节目，便找新闻部主管商量。

积着满肚子怨恨的新闻部主管，板着脸对麦克说:“我不准你这么做!因为我计划要你做一个新闻评论性的节目。”

虽然麦克知道当时评论性的节目争论多，常常吃力不讨好，收入又低，但他仍欣然接受说:“好极了!”

自然，麦克吃尽苦头，但他没说什么，仍全力以赴地为新节目奔忙。节目上了轨道也渐渐有了名声，参加者都是一些出名的重要人物。

总经理看好麦克的新节目，也想多与名人和要人接触。有天，他召来新闻部主管，对他说:“以后节目的脚本由麦克直接拿来给我看!为了把握时间，由我来审核好了，有问题也好直接跟制作人商量!”

从此，麦克每周都直接与总经理讨论，许多新闻部的改革也由他提出意见。他由冷门节目的制作人渐渐变成了热门人物。他也获得全美著名节目的制作奖。

一个人的争论可以为自己赢回暂时的失利，但实干所做出的成绩却更具说服力。所以，我们如果遇到类似麦克·史瓦拉那样的情况，应该心里清楚，要做一个表面上的糊涂人，用自己的努力去赢得别人的首肯。

做一个勤奋、踏实的糊涂人

自古就有勤能补拙的说法。因此，很少有人是天赋异禀的传奇式人物，可以说，大多数人都是站在同一起跑线上的。假如你自认技不如人，那就应该踏踏实实、勤勤恳恳地去干好自己该干的事情，做一个勤奋、踏实的糊涂人。

但世界上能承认自己有些“拙”的人不会太多，能在进入社会之初即体会到自己“拙”的人更少。大部分人都认为自己不是天才就是一个干将，也都相信自己在接受几年社会的磨炼后，便可一飞冲天。但能在短短几年后即一飞冲天的人能有几个呢？有的飞不起来，有的刚展翅就摔了下来，能真正飞起来的实在是少数中的少数。为什么呢？大多是因为社会磨炼不够，能力不足。

那么，有没有办法在极短的时间内补足自己的能力呢？

所谓的“能力”包括了专业知识、长远的规划以及处理问题的能力，这并不是三两天就可培养起来的，但只要“勤”，就能很有效地提升你的能力。

“勤”就是勤学，在自己的工作岗位上，一刻也不放弃、一个机会也不放弃地学习。不但自修，也向有经验的人请教。别人睡午觉，你学；别人去娱乐，你学；别人一天只有 24 小时，你却是把一天当两天用。这种密集的、不间断的学习效果相当显著。如果你本身能力已在一般人水准之上，学习能力又很强，那么你的“勤”将使你很快地在团体中发出亮光，为人所注意。

另外一种“能力不足”的人是真的能力不足，也就是说，先天资质不如他人，学习能力也比别人差，这种人要和别人一较长短是辛苦的。这种人首先应在平时的自我反省中认清自己的能力，不要自我膨胀，迷失了自己。如果认识到自己能力上的不足，那么，为了生存与发展，也只有“勤”能补救，若还每天痴心妄想，不要说一飞冲天，也许连个饭碗都保不住！

对能力真的不足的人来说，“勤”便是付出比别人多好几倍的时间和精力来学习，不怕苦、不怕难地学，兢兢业业地学，也只有这样，才能成为龟兔赛跑中的胜利者。这便是“勤”所代表的糊涂做人的意义所在。

其实“勤”并不只是为了补拙，在一个团体里，“勤”的人始终会为自己争来很多好处：

一、塑造敬业的形象。当其他人浑水摸鱼时，你的敬业精神会成为旁人眼中的焦点，认为你是值得敬佩的；

二、容易获得别人谅解。当有错误发生、必须找个替罪羊时，一般人不大会找一个勤于工作的人来顶替。当做错了事，一般人也不忍指责，总是会不忍地认为，已经那么认真了，偶然出点儿错也没什么；

三、容易获得主管的信任。当主管的都喜欢用勤奋的人，因为这样他可以放心。如果你的能力是真不足，但因为勤，主管还是会给予你合适的机会。当主管的都喜欢鼓励肯上进的人，此理古今中外皆同。

因此，任何人都应该善于做一个勤奋的糊涂人，不去理会别人的任何评价，认真地做自己该做的事。

有低调的态度才能做好乏味的工作

乏味的工作没有人愿意干，更不用说干好。所以大多数人遇到这种工作时往往会敷衍、应付了事，而那些愿意踏踏实实地把这种工作干好的人因为坚持不懈，必会取得别人难以取得的成就。做工作就是如此，任何工作做得时间长了都会有乏味的感觉；能以低调的态度对待这种乏味，在乏味中做出不乏味的成绩是一个人的可贵精神的体现。

现为北京某 IT 著名企业的部门经理王先生曾表示：之所以有的员工认为工作是为了赚取薪水而不得不做的事情，是由于他们都缺乏正确的工作观。同时，他以一种非常遗憾的口吻回忆了自己年轻时候的教训：

王先生从大学毕业进入该公司时，便被派往财务科就职，做一些单调的统计工作。由于这份工作高中毕业生就能胜任，王先生觉得让自己一个大学毕业生来做这种枯燥乏味的工作，实在是大材小用，于是无法在工作上全力投入；加上王先生大学时的成绩非常优异，因此，他更加轻视这份工作。因为他的疏忽，工作时常发生错误，遭到上司的批评。

王先生认为，自己假如当时能够不看轻这份工作，好好地学习自己并不专长的财务工作，便能从财务方面了解整个公司。原来，公司领导也有意让他通过熟悉财务工作来全面培养他。然而他由于自己轻视这份工作而致使晋升的良机流失，直到后来，财务仍是他工作中脆弱的一环。

由于王先生对财务工作没有全力以赴，以至于被认为不适合做财务工作而被调至营业部门。其实，熟悉财务、熟悉销售，是公司领导让大学生们学会认识市场，然后再搞研发的一个过程。但身为推销员，又必须周旋于激烈的销售竞争中，于是王先生又陷入窘境，这对他而言，又是一种不满。他并不是为做一个推销员才进入这家公司的，他认为如果让他做研发方面的工作，一定能够充分发挥他的才能，但公司却让他做一个推销员而任顾客驱使，实在令人抬不起头。所以，他又非常轻视推销的工作，尽可能设法偷懒。因此，他只能达到一个营业部职员最低的业绩标准。

他认为，如果当时自己能够不轻视推销工作而全力以赴，他就能够磨炼自己在人际关系上自由进退的能力，并能培养准确掌握与对手竞争的方法。然而，王先生当时却一味地敷衍了事，以至于后来仍对自己人际关系的能力没有自信，这对目前的王先生而言，也是非常弱的一环。

王先生因此而丧失身为一个推销员的资格，并被调至市场调研处。与过去的工作比较起来，似乎这个工作最适合王先生，终于让王先生感觉有了一份有意义的工作而热爱并投身于此，因此才逐渐提高其工作绩效。

但由于过去5年左右的时间，马虎的工作态度，使他的考核成绩非常不理想，当同期的伙伴都早已晋升为经理时，只有他还陷于被遗漏的窘境中。

这对于王先生是一个非常大的教训。过去公司所有指派的工作对于王先生而言，都各具意义。然而，由于他只看到工作的缺点，以致无法了解这些工作乃是磨炼自己弱点的最佳机会，也就无法从工作中学习到经验而遗憾至今。

大多数的人未必一开始就能获得非常有意义的工作，或非常适合自己的工作，倒是有相当一部分的人，刚开始都被分配做一些非常单调呆板和自认毫无意义的工作，于是认为自己的工作枯燥无味或说公司一点儿都不能发现自己的才能，因而马虎行事，以至于无法从该工作中学到任何东西。

对待任何工作，正确的工作态度应是：以一颗糊涂的耐心去做这些单调的工作，以培养出从团队角度考虑问题的心智。如果无法在最短时间内尽快培养出这种从全局考虑问题的心态，渐渐地便会觉得大家事事都在和你做对，而一次又一次地调换工作场所，就必然会成为无用的人。

不要好高骛远

水从高原流下，由西向东。渤海口的一条鱼逆流而上。它的游技很精湛，因而游得很精彩，一会儿冲过浅滩，一会儿划过激流，它穿过了湖泊中的层层渔网，也躲过无数水鸟的追逐。它不停地游，最后穿过山涧，挤过石隙，游上了高原。然而，它还没来得及发出一声欢呼，瞬间却冻成了冰。

若干年后，一群登山者在高原的冰块中发现了它，它还保持着游动的姿势。有人认出这是渤海口的鱼。一个年轻人感叹说：这是一条勇敢的鱼，它逆行了那么远、那么长、那么久。另一个年轻人却为之叹息，说这的确是一条勇敢的鱼，然而它只有伟大的精神，却没有正确的方向。它极端逆向地追求，最后得到的只能是死亡。勇气固然重要，但凡事应该量力而行。

世界上大多数人都是平凡人，但大多数平凡人都希望自己成为不平凡的人。梦想成功，梦想才华获得赏识、能力获得肯定，拥有名誉、地位、财富。不过遗憾的是，真正能做到的人似乎总是少数，因为许多人经意或不经意地都陷进了好高骛远的泥潭里。

那些好高骛远者往往是把自己的理想设计得高不可攀，而根本不知道应该把理想与自己的实际力量在一定范围内联系起来。

有些人做事情从来不考虑自己是否力所能及，于是做出了不切实际的决定，不是遭到失败就是弄出荒谬可笑的事情来。对于根本不可能的事，还是不要痴心妄想的好。

人生虽有许多种力量，但实力是建设人生最重要的手段和最基本的力量。在奔赴成功的艰辛路途中，我们绝不能好高骛远，我们需要的只有实力，只有实力才能对人生的事业与理想起到帮助和推动作用，使人生增值。

曾经有一个人很不满意自己的工作，总觉得自己应该享受更高的待遇，他愤愤不平地对朋友说："我的老板一点儿也不把我放在眼里，在他那里我得不到重视。改天我要对他拍桌子，然后辞职。"

"你对于那家贸易公司完全清楚了吗？对于他们做国际贸易的窍门完全搞懂了吗？"他的朋友反问。

"没有！"

"君子报仇，十年不晚。我建议你好好地把他们的一切贸易技巧、商业文书和公司组织完全搞懂，甚至连怎么排除影印机的小故障都学会，然后再辞职不干。"他的朋友建议，"你把他们的公司当成免费学习的地方，什么东西都懂了之后再一走了之，不是既出了气，又有许多收获吗？"

那人听从了朋友的建议，从此便默记偷学，甚至下班之后，还留在办公室研究写商业文书的方法。

一年之后，那位朋友偶然遇到他，说："你现在大概多半都学会了，可以准备拍桌子不干了！"

"可是我发现，近半年来，老板对我刮目相看，最近更是委以重任，又升官，又加薪，我已经成为公司的红人了！"

"这是我早就料到的！"他的朋友笑着说，"当初你的老板不重视你，是因为你的能力不足，却又不努力学习；之后你痛下苦功，担当重任，当然会令他对你刮目相看。只知抱怨老板，却不反省自己的能力，这是人们常犯的毛病啊！”

要走出属于自己不同凡响的生存之路，好高骛远是行不通的。踏踏实实地做好你该做的工作，学会你该学会的知识，这才是人生的首要选择。

如果总在幻想将天上的月亮摘下来玩玩，显然是不切实际而又浪费感情和精力的愚蠢之举。所以，做人做事都应以自己的实力为基础，任何脱离了基础的目标都如海市蜃楼一样可望而不可及。

敢想更要敢做

敢想可以使一个人的能力发挥到极致，也可逼得一个人献出一切，排除所有障碍。敢想使人全速前进而无后顾之忧。凡是能排除所有障碍的人，常常会屡建奇功或有意想不到的收获。不要抱怨自己的命运不好，行动就是力量。唯有行动才可以改变你的命运。10个空洞的幻想不如一个实际的行动。我们总是在憧憬，有计划而不去执行，其结果只能是一无所有。要想获得成功，敢想更要敢做！

在西方流传着这样一个故事：

许多年前，一位聪明的国王召集来一群聪明的臣子，给了他们一个任务：“我要你们编一本各个时代的智慧录，好流传给子孙。”这些聪明人离开国王后，工作了很长一段时间，最后完成了一本皇皇12卷的巨作。国王看了以后说：“我确信这是各时代的智慧结晶。然而，它太厚了，我怕人们不会读，把它浓缩一下吧。”这些聪明人又长期努力地工作，几经删减之后，编成了一卷书。然而，国王还是认为太长了，又命令他们再浓缩。这些聪明人把一卷书浓缩为一章，又浓缩为一页，然后减为一段，最后变为一句话。老国王看到这句话后，显得很得意。“各位先生，”他说：“这真是各时代智慧的结晶，并且各地的人一旦知道这个真理，我们大部分的问题就可以解决了。”

这句话就是：“天下没有免费的午餐。”

这则寓言告诉人们这样一个道理：没有行动，你就抓不住机会；只有行动才会产生结果，行动是成功的保证。任何伟大的目标、伟大的计划，最终必然落实到行动上。

才能和本领只会属于那些辛勤工作的人，权力和荣耀也只会属于那些埋头苦干的人；那些无所事事、悠闲晃荡的人总是无能之辈。正是那些十分勤劳和努力的人们在管理、统治着这个世界。

英国著名政治家、历史学家克拉伦登在讲到英国国会领袖之一、税务专家汉普登时说：“他是一个十分勤勉的人，即便最辛苦、最繁重的工作也压不倒他，他总是把最重的担子压在自己身上。他总是以常人难以想象的毅力去尽职尽责，懒惰、闲散在他身上都不见踪影。”面对极为繁重的工作，汉普登从不抱怨。有一次，他在给母亲的信中写道：“我的生活就是辛勤工作。几年来，我一直尽力为国家、为国王恪尽职守，尽心尽力，不敢松懈……我无法来孝敬自己亲爱的父母亲，甚至连写一封信的时间都没有。”

在废除谷物法的运动中，英国政治家、下院议员科布登在给一个朋友的信中说自己“像一匹马一样，狂奔不已，没有片刻休息”。

爱尔维修甚至认为，正因为人们空虚、无聊，人们才变得无比残忍、缺乏人性。为了使自己逃避无聊和空虚，他总是积极地投入工作，把自己的身心都投入到使人类进步的事业中去。

老老实实地干自己的事情会激活人身上内在的活力，会使人增长才干，更加热爱生活。无论在什么时候，人们都能在工作中找到乐趣，在工作中找到幸福。这是一条千古不变的真理。良好的工作习惯、严肃的工作态度、优良的品德和教养是一个人胜任自己工作的基本条件。

同样，受过严格科学训练的人往往都能干出辉煌的事业，他们中的许多人同样是一流的实业家。这种严格的科学训练包括勤奋的习惯、自觉遵守纪律的习惯、善于思考的习惯等等，这些都是一个成功的实业家所必备的素质。受过严格科学训练的人往往善于审时度势，因时、因地、因人而变，因此，他们往往能眼观六路、耳听八方，凡事都能先发制人，夺人先机。

受过严格训练的年轻人往往十分勤奋、专心，善于接受新知识，注重运用正确的方式、方法。因此，他们往往比没有受过专门训练的人更为敏捷，更具有智谋，更具有胆识。

蒙田曾指出："那些真正的哲人、圣者，如果他们在探求真理方面很伟大的话，他们在行动上也一定很伟大……无论举出什么样的证据和例子，我们都可以看出，他们的精神是那样崇高，他们的心灵是那样充实，他们的灵魂是那样高洁，他们就像是知识的海洋……这些哲人、智者高高地在太空中遨游。"

所有的成绩都是在实干的过程中产生的。深思熟虑、权衡利弊不是不值得提倡，但行动是达成目标的唯一途径。敢想更要敢做，这样才能为自己实现高标的生存境界提供可能。而且，也只有行动才能达成这一目标。

下篇：细节要高调

细节高调是一种谋略，一种目标，一种态度

第六章　从细节处入手，做最好的自己

要想以正面的形象示人，始终使自己保持良好的生存状态，就要在各个方面不断提升自己。“做最好的自己”是时下颇受年轻人青睐的口号，但要达到这一目标绝非易事，而细节上的进步显然是可以给你加分的途径。从细节处着手，你就会变得越来越优秀。

做个“有头有脸”的人

一个人给人的第一印象首先在于他的头和脸：面部干净、发型适宜。所以面子工程是每一个人应该做的事情，却又因其琐细而常被忽略。

所谓的面子工程，也就是对仪容的修饰。无论男女，仪容都是一个不可忽视的细节，修饰仪容不仅是为了展现美感，同时也是对别人的一种尊重。

1. 如何做好面子工程

人的面部肌肤可以分为中性、油性、干性、混合性和过敏性等5种类型。中性皮肤表面光滑润泽，是较理想的皮肤；油性皮肤表面油亮，毛孔粗大，易生粉刺；干性皮肤皮脂分泌少，毛孔细小，皮肤缺少弹性，易生皱纹；混合性皮肤者的额、鼻、下巴等部位为油性皮肤，其他部分为干性皮肤；过敏性皮肤对某种物质较为敏感，一经接触就会出现红肿、斑疹、痒痛等症状。了解了自己的皮肤类型后，我们妆扮起来会更加得心应手。

面部修饰需要对面部进行必要的化妆，尤其女人更应如此。下面我们针对女性的化妆，谈谈化妆的一般技巧与化妆的步骤。

第一步：清洁面部。对于面部的清洁，可选用清洁类化妆品祛除面部油污，然后再用清水洗净。在基面化妆前，应在清洁的面部上涂上护肤类化妆品。

第二步：基面化妆。基面化妆又叫打粉底，目的是调整皮肤颜色，使皮肤平滑。化妆者可根据自己的皮肤选择合适的粉底，并根据面部的不同区域分别敷深、浅不同的底色，以增强脸部的立体效果。

第三步：眉毛的整饰。整饰眉毛时，应根据个人的脸型特点确定眉毛的造型。一般是先用眉笔勾画出轮廓，再顺着眉毛的方向一根根地画出眉型，最后把杂乱的眉毛拔掉。

第四步：涂眼影，画眼线。眼影有膏状与粉质之分，颜色有亮色和暗色之别。亮色的使用效果是突出、宽阔；暗色的使用效果是凹陷、窄小。眼影色的亮、暗搭配，在于强调眼睛的立体感。涂眼影时，应在贴睫毛的部位涂重些，两个眼角的部位也应涂重些。宽鼻梁者涂在内眼角上的眼影应向鼻梁处多延伸一些，鼻梁窄的人则少延伸一些。

第五步：涂腮红。涂腮红的部位以颧骨为中心，根据每个人的脸型而定。长脸型要横着涂，圆脸型要竖着涂，但都要求腮红向脸部原有肤色自然过渡。颜色的选用，要根据肤色、年龄、着装和场合而定。

第六步：涂口红。涂口红时，先要选择口红的颜色，再根据嘴唇的大小、形状、薄厚等用唇线笔勾出理想的唇线，然后再涂上口红。唇线要略深于口红色，口红不得涂于唇线外，唇线要干净、清晰，轮廓要明显。

化妆后要仔细检查一遍，尽量少显露修饰的痕迹，主要看一下你的化妆与衣着、发型是否相宜，与你自己的年龄、身份、气质等是否相称。

2. 好形象从“头”开始

发型修饰就是在头发保养、护理的基础上，修剪、梳理出一个适合自己的发型。美观、恰当的发型会使人精神焕发，充满朝气和自信。发型选择的要点如下：

（1）按脸型选择发型

好的发型设计能起到修饰脸型的作用。人的脸型可分为椭圆脸、圆脸、长脸、方脸4种。椭圆脸是东方女性的标准，可选任意发式；圆脸型的人应将头顶部的头发梳高，并设法遮住两颊，使脸部看起来显长而不显宽；长脸型的人，应将刘海向下梳以遮住额头，两侧的头发要蓬松，以减少脸的长度；方脸型的人，可让头发披在两颊以掩饰棱角，使脸部看上去圆润些。

（2）按身材选择发型

根据自己的体型选择发型也是很重要的。高身材以中长发或长发为宜。如果身体瘦高，则头发轮廓应以圆形为宜；如果身材高且胖，则头发轮廓应以保持椭圆形为宜。矮身材以留短发为宜，或将头发高盘于头顶。

（3）根据职业和环境选择发型

商界男士可选择青年式、板寸式、背头式、分头式、平头式等发型；职业女性的发型应文雅、庄重；公关小姐的发型应新颖、大方。

（4）发型要适合年龄

少年应以自然美为主，不宜烫发、吹风；青年人的发型可以多种多样；中年人宜选择整洁简单、大方文雅的发型；老年人则应选择庄重、简洁、朴实的发型。

（5）选择发型要看发质

有些发型从年龄、身材、脸型等方面考虑都适合自己，但如果发质不合适，也不会收到好效果。因此，应该选择适合自己发质的发型。

修饰仪容可以使你的容貌扬长避短，进一步提升你在社会活动中的形象与魅力，因此，面子工程虽属小事，但却不可马虎。

着装对提升形象很重要

俗话说："人靠衣装马靠鞍，"这充分说明了着装对一个人的重要性。着装虽然是小节，但如果你能不把它当小节看，那么在美化了自己的同时，你也就会赢得更多人的尊重。

一个衣着邋遢的年轻人冲进某公司的经理室，"你们的面试官说我衣着不整，拒绝录用我！你们凭什么以貌取人？我这叫'不拘小节'！看看我的学位证，看看我设计的作品，我是最优秀的！"办公桌前的经理打量了一下年轻人，然后温和地说："小伙子，你所应聘的设计工作要求是很高的，不但设计出来的作品要新颖，有美感，还要求工作者对工作严谨负责，一丝不苟。而'不拘小节'的你似乎真的不太适合这个工作。"

一个连自己的着装都打理不好、对自己的仪表都不负责的人，真的很难令人相信他有多高的天分、多严谨的工作态度。不管你的实际能力如何，真实的人品怎样，别人对你的第一印象都是受到着装打扮的影响的。因此，你一定要穿出美感，利用着装展现个人魅力，赢得别人的好感和喜欢。

得体的着装并不要求穿得华贵，而是要在细节上下工夫，使服装搭配得协调、有美感。下面就是着装上要注意的一些细节：

1. 体现个性，要与交际环境协调

人在不同的社交场合、不同的群体环境中应该有不同的服饰打扮。在交际活动中，要考虑环境因素，除职业上需要的统一正式的职业装外，服饰穿戴要具有个性特点。在选择服装的款式、颜色、质地上要根据自己的爱好、气质、修养、审美特点等，选择充分体现自身个性的服饰，使服饰与个性“相映生辉”，给他人以强烈的美感，从而穿出你独特的一面，在交际过程中产生积极、良好的影响。著名的英国前首相撒切尔夫人，素有“铁娘子”之称，她个性鲜明，在服饰穿戴上也有自己独到的见解。她说：“我必须体现出职业特点和活力。”她认为，女性过分化妆容易给人以男人的玩物、花瓶之类的“浅薄感觉”。所以，她爱着深色、凝重的服装，这样显得严谨、高雅、庄重，突出了一位女政治家的个性与风采。

体现个性风格这里并非随心所欲，还受着装的交际环境、气氛的限制。服饰要与整体的交际环境、气氛相协调，只有这样才有个性着装可言。比如说，在办公室上班要穿典雅庄重的职业装，女士以职业裙装为最佳。出席婚礼，服饰的色彩可略微鲜艳明亮一些，但不可过度，否则有压倒新娘之势，这是不礼貌的。而参加葬礼吊唁活动，则应着深色凝重的衣服。身居家中，可穿舒适的休闲服装甚至是睡衣，但若突然有客人拜访，则应立即到卧室中换装与客人见面。在运动场上，则要穿着适合运动的服装。

除与交际环境相协调外，还要注意与交际对象协调，以缩短彼此之间的距离，创造和谐融洽的交际气氛，使整个场合的气氛更加热烈，这样服饰美的目的也就达到了。

2. 服饰的选择要与自身的社会角色相协调

在社会生活中，我们每个人都扮演着不同的社会角色，因此也就有着不同的社会规范，在服饰穿戴上也就有区别了。我们应尽量做到服饰与角色相吻合：如果你现在置身家中，身份是太太或先生，你可以随心所欲，自由着装；如果你现在的角色是办公室职员，需要与同事或上司交往，你的着装则需要符合办公室礼仪，男士着西服，女士着套裙；假如你现在的身份是路上行人或公共场所的一员，则你的着装需要符合社会道德规范，要不伤风化和大雅。服饰美的创造必须与个人的角色特征密切吻合，这才能显示出服饰美的魅力。

3. 服饰穿戴要与自身的先天条件相协调

社交活动中的人们，都希望自身的服饰美丽，给他人以美的享受，所以千方百计地追求服饰美。为了达到美化的目的，服饰的穿戴要注意扬长避短。我们在选择服饰的时候，不仅要考虑服饰的颜色、质地、款式，还要充分结合个人的脸型、身材、肤色等来着装。针对不同肤色、身材，现提供以下一些着装原则作为参考。

①肤色与服饰匹配适当

中国人多为黄种人，一般说来，不宜选择与肤色相近或颜色较深暗的衣服，如：土黄、棕黄、深黄、蓝紫等，因为它们使得“黄”人更“黄”。通常适宜穿暖色调的衣服，如：红、粉红、米色及深棕色等。但黄种人中皮肤白净者，则无论何种深色或浅色的服装都合适。皮肤黝黑者，适合穿暗色衣服，如：铁灰、藏青等，最忌穿纯白色衣服。中国人对人体美的审美观不同于黑色人种。中国人喜爱洁白、红润、有光泽的肤色，追求的基调是“白”；黑种人喜爱肤色的黝黑油润，追求的基调是“黑”。所以，非洲人大都喜爱白色服饰，目的就是为了突出他们皮肤色泽的“黑色美”，而中国人如果以白来突出黑就无美可言了。

②体型要与服饰合理搭配

身材矮小者，适宜穿造型简洁、色彩简单明快、小碎花型图案的服饰。

身材高大者，若修长则各种服饰皆可；若稍胖，宜穿条形、不太宽松的衣服。

肩过窄者，适合穿柔软、贴身的深色上衣，穿袖口挖得很深的背心。

肩过宽者，适宜穿大翻领、带垫肩的衣服，脖系丝巾或围巾，穿横条纹上衣。

腿粗者，适宜穿深色系列的长裤或拖地长裙，直线条纹的裙、裤，脚穿镂空的高跟鞋。

腿细者，适宜穿横条纹的裙、裤，或不太紧的长裤，注意裙长及膝或膝下 3 厘米左右，不可选择高于膝盖以上的短裙或超短裙；穿浅色服装和丝袜，脚穿式样简单的低跟或平跟凉鞋。

腿短者，适宜穿直线条纹的裤、裙，或高腰长裤，如穿裙子则下摆必须合身，脚穿高跟鞋。

腿长者，如穿裙子，最好过膝，系宽皮带，外衣长度要过腰部；长裤要与臀部紧贴，长度适中，裤脚反折。

V 形腿者，如穿裙子，则裙子的长度要盖过小腿的弯曲部分；也可穿各式长裤、喇叭裤，忌穿短裙、紧身裙、牛仔裤；配以低跟鞋子。

后背太宽者，适宜穿有直线条花纹、剪裁合身的上衣，不要垫肩，注意露背装的吊带要宽些，头发长度要过肩。

后背太窄者，适宜穿有横线条花纹或有图案、蓬松宽大的上衣、袖子与肩部接缝处要稍微宽些。

胸部太大者，上衣前胸的花色要尽量素雅，以直线条花纹为佳。选择蛋形、V 字形和方形领口，衣料质地要柔软，轻盈飘逸。

胸部太小者，宜戴垫有厚海绵的胸罩，穿宽大的上衣，长背心或短装，利用花边、蝴蝶结扩大前胸的视线范围。在衣服的中腰部分，要用鞋带式的交叉系带。

大腹者，适宜穿紧松适度的裙、裤，选择长度盖过腹部的罩衫、束腰外衣，穿 A 字裙及腹部宽松的西装，或深色裙装、裤装。

粗腰者，适宜穿柔软的罩衫或毛衣，选择盖过膝盖的外衣、H 形套裙，服装要尽量选用深色系列。

4. 服饰穿戴要与季节相协调

除了以上几点着装时需要注意的事项外，一般情况下，我们的服饰穿戴还要与四季气候条件相协调。除非有特殊的表演需要等，否则，违背自然规律着装，不是热着了，就是冷着了，影响个人健康不说，与他人、与社会格格不入的着装不仅无美感可言，还有损个人形象。一般说来，春、秋季气候不冷不热，适宜穿着浅色调的薄厚适中的衣服；而冬、夏季就偏冷或偏热了，与之相适应，我们的着装则应该相应地偏厚或偏薄。如同样是裙装，夏天应着薄面料的，而冬天则应该穿厚面料的裙子。且夏季服装颜色以浅色、淡雅为主，冬季以偏深色为主，如深蓝、藏青、咖啡等色。

总之，在着装打扮时一定要精雕细琢，充分展现自己的风采，提升个人魅力。

养成良好的站、坐、行的姿态

家长常要求孩子“站有站相，坐有坐相，走有走相”，而古人则对人的姿态和举止要求为“站如松、坐如钟、行如风”。不要认为坐、立、行的姿态只是小节就忽略了它，细微处体现了一个人的修养，不加以注意就会招致别人的反感。

在日常生活中，我们经常碰到这样的人：他们或是仪表堂堂，或是美丽潇洒，然而一举手、一投足，便可现出其粗俗。这种人虽金玉其外，却是败絮其中，只会招致别人的厌恶。所以，在社会交往活动中，要给对方留下美好而深刻的印象，外在的美固然重要，而高雅的谈吐、优雅的举止等内在涵养的细节表现，则更为人们所喜爱。这就要求我们应当从举手、投足等日常行为方面有意识地锻炼自己，养成良好的站、坐、行的姿态，做到举止端庄、优雅得体、风度翩翩。

举止礼仪的基本要求是指人们在日常生活、工作、学习和社会交往中，一些最基本的动作所应具备的礼仪规范。

所谓站有站相，主要是指站姿要挺直。人的正常站姿，也就是人在自然直立时的姿势。其基本要求是：头正、颈直，两眼向前平视，嘴、下腭微收；双肩要平，微向后张，挺胸收腹，上体自然挺拔；两臂自然下垂，手指并拢自然微屈，中指压裤缝；两腿挺直，膝盖相碰，脚跟并拢，脚尖微张；身体重心穿过脊柱，落在两脚正中。从整体看，形成一种优美挺拔、精神饱满的体态。这种体态的要诀是：下长上压，下肢、躯干肌肉群绷紧向上伸挺，两肩平而放松下沉。前后相夹，指臂后夹紧向前发力，腹部收缩向后发力。左右向中，自己感觉身体两侧肌肉群从头至脚向中间发力。这种站立姿势除少数人员作为工作体态外，主要是用来作为体态训练，它是其他各种形式站立的基础。

不注意基础训练或训练中不得要领，会使人产生习惯性畸形。常见的畸形有含胸、脊柱后弯、凸胸腆肚、探颈、视线高而鹅步、缩肩驼背，造成缩颈耸肩、胸部发育不良，臀部肌肉下垂、膝盖突出、站立重心偏移，易产生塌腰、耸肩、拱臂、O 形腿等。

一般来说，平时站立时，两腿可以分开不超过一脚长的距离，如果分得太开是不雅观的。站立时间较长时，可以以一腿支撑身体的重心，另一腿稍稍弯曲，但上体仍需保持挺直。

在站立时，切忌无精打采地东倒西歪、耸肩勾背，或者懒洋洋地倚靠在墙上、桌边或其他可倚靠的东西上，这样会破坏自己的形象。站立谈话时，两手可随谈话内容适当地做些手势，但在正式场合，不宜将手插在裤袋里或交叉在胸前，更不要下意识地做小动作，如摆弄打火机、香烟盒，玩弄衣带、发辫，咬手指甲等。这样，不但显得拘谨，给人以缺乏自信和经验的感觉，而且也有失仪表的庄重。

所谓坐有坐相，是指坐姿要端正。人的正常坐姿，在其身后没有任何倚靠时，上身应挺直稍向前倾，肩平正，两臂贴身自然下垂，两手随意地放在自己的腿上，两腿间距与肩宽大致相等，两脚自然着地。背后有倚靠时，在正式社交场合，也不能随意地把头向后仰靠，显出很懒散的样子。

为了保证坐姿的正确优美，应该注意以下几点：一是落座以后，两腿不要分得太开，这样坐的女性显得尤为不雅。二是当两腿交叠而坐时，悬空的脚尖应向下，切忌脚尖向上，并上下抖动。三是与人交谈时，勿将上身向前倾或以手支撑着下巴。四是落座后应该安静，不可一会儿向东，一会儿向西，给人一种不安分的感觉。五是坐下后双手可相交搁在大腿上，或轻搭在沙发扶手上，但手心应向下。六是如果座位是椅子，不可前俯后仰，也不能把腿架在椅子或沙发扶手上、踏在茶几上，这都是非常失礼的。七是端坐时间过长，会使人感觉疲劳，这时可变换为侧座。八是在社交和会议场合，入座时要轻柔和缓，坐姿要端庄稳重，动作幅度不能太大，以免弄得座椅乱响而造成紧张气氛，切忌不要带翻桌上的茶杯等用具，以免尴尬被动。总之，坐的姿势除了要保持腿部的美感以外，背部也要挺直，不要像驼背一样，弯胸曲背。座位如有两边扶手时，不要把两手都放在两边的扶手上，给人以老气横秋的感觉，而应轻松自然、落落大方，显得彬彬有礼。

除了站相和坐相以外，行走的姿势也是每个人最基本的行为动作，是行为礼仪中必不可少的内容，亦需加以注意。一个人行走比站立的时候要多，而且行走一般又是在公共场所进行的，所以，要非常重视行走姿势的轻松优美。人的正常行走姿势，应当是身体挺立，两眼直视前方，两腿有节奏地向前迈步，并大致走在一条等宽的直线上。行走时要求步履轻捷，两臂在身体两侧自然摆动。走路时步态美不美，是由步度和步位决定的。如果步度和步位不合标准，那么全身摆动的姿态就失去了协调的节奏，也就失去了自身的步韵。

所谓步度，是指行走时两脚之间的距离。步度的一般标准是一脚迈出落地后，脚跟离未迈出脚脚尖的距离恰好等于自己的脚长。这个标准与身高成正比例关系，即身材高者则脚长，步度也就自然大些；身材矮者则脚短，步度也就自然小些。所谓脚长，是指穿了鞋子后的长度，而非赤脚。但步度的大小与穿什么样的服装与鞋子也有关。例如，女士穿旗袍，脚穿高跟鞋，那么步度肯定比穿长裤和平底鞋时的小得多。

所谓步位，是指行走时脚落地的位置。走路时最好的步位是两只脚所踩的是一条直线，而不是两条平行线。特别是女性走路时，如果两脚分别踩着左右两条线走路，是有失雅观的。步韵也很重要，走路时，膝盖和脚腕都要富于弹性，两臂应自然、轻松地摆动，使自己走在一定的韵律中，显得自然优美。否则就会失去节奏感，显得非常不协调，看起来会令人感到很不舒服。

总之，走路的正确姿势应当是：轻而稳，胸要挺，头抬起，两眼平视，步度和步位合乎标准。走路过程中要特别注意以下几点：一是走路时，应自然地摆动双臂，幅度不可太大，只能做小幅度的摆动，切忌做左右式的摆动。二是走路时，应保持身体的挺直，切忌左右晃动或摇头晃肩。三是走路时，膝盖和脚踝都应轻松自如，以免浑身僵硬，同时切忌走内八字或外八字步。四是走路时，不要低头或后仰，更不要扭动臀部，这些姿势都不美。五是多人一起行走时，不要排成横队，勾肩搭背，边走边大说大笑，这都是不合礼仪的表现。有急事需要走过前面的行人，不得跑步，可以大步超过，并转身向被超者致意或道歉。六是步度与呼吸应配合成有规律的节奏，穿礼服、裙子或旗袍时，步度要轻盈舒畅，不可迈大步行走；若穿长裤，步度可稍大一些，这样才显得活泼生动。七是行走时，身体重心可以稍向前倾，它有利于挺胸收腹，此时的感觉是身体重心在前脚上。理想的行走轨迹是脚正对前方所形成的直线，脚跟要落在这条线上。若脚的方向朝里，会形成罗圈脚；脚尖过于外撇，会造成X形脚。这些都是不正确、不规范、不雅观的举止。

上面所说的，是从个人自身的角度出发对行走时需注意的问题的概括。而一个人在行走时的绝大部分时间里都不是一个人孤零零地进行，而是有几个人同行，或是会碰到各种各样的人。正因如此，我们就必须进一步了解和遵循行走时的各种礼仪细节。

1. 要遵守交通规则。步行时要走人行道，不要走在自行车道或机动车道上。穿过马路时要走人行横道，不能随意乱穿马路。

2. 行人之间要相互礼让。青少年应主动给年长者让路，健康人应给老弱病残者让路，一般行人遇到负重的人或孕妇、儿童等行走困难的人，要让他们先行。在“狭路相逢”时，尤其要注意这一点，不能以强欺弱，抢道行走。

3. 走路遇到熟人时，应主动打招呼和问候，不能视而不见。但如在路上碰到久别的亲友，想多交谈一会儿，应靠边站立，不要站在马路当中或人多的地方，以免妨碍交通，自己也不安全。

4. 走到人群特别拥挤的地方时，要有秩序依次通过。撞了别人或踩了别人的脚，要主动向人道歉；如果是别人踩了自己的脚或碰掉了自己所带的东西，则应表现出良好的修养和充分的自制力，千万不要发火，切忌斥责对方或口出怨言。

5. 走路时目光要自然前视，不要左顾右盼，东张西望。男性遇到面容姣好、穿着时髦的女性时，不宜久久注视或掉回头去追视，那样会显得缺少教养。

6. 不要一边走路一边吃东西。这既不卫生，也不雅观。如果确实因为饥渴需要吃点儿东西，可以在路边找个适当的地方，等吃完以后再赶路。

7. 走路时不要抽烟。一面走路、一面抽烟是个很不好的习惯。更不应该一边骑自行车一边抽烟，这不仅损害自己的形象，还容易导致交通事故，是每个人都应当特别注意的。

正确而优雅的个人姿态，可以使人显得有风度、有修养，给人以美好的印象，因此，我们一定要多在细节上训练自己、修饰自己。

拜访他人时要遵循的礼仪规则

古人云："出门如见大宾，"这就是在告诉我们，拜访他人时一定要庄重得体，遵循礼仪规则，即使是细微之处也要讲究礼节。

拜访一般分为正式拜访与非正式拜访两种。正式拜访要事先预约，准时赴约；非正式拜访一般是朋友、邻里之间的来往。但无论是哪种拜访，都要注意一些微小的细节，这样才不会引起对方的反感。

首先，在拜访之前要做好准备。

在拜访之前，我们先要做好准备工作，主要是拜访时间的选择、拜访前预约以及其他一些拜访准备工作，如拜访目的等。

1. 选择合适的拜访时间

正式的拜访，时间最好能事先征得拜访对象的意见后再确定，因为他可能是领导，工作特别繁忙；也可能是社会知名人士，有着众多的社会活动等；非正式的拜访，时间最好能选择在节假日的下午或平时的晚饭以后，尽量避免在对方吃饭的时间前往，避免午休时间、临下班的时间前往。现在人们都有看电视"新闻联播"节目的习惯，因此，平时的拜访时间选择在晚 7 点半以后较为合适，但也不能太晚，以免影响对方的休息，引起对方的反感与不满。

2. 拜访之前应先约好时间

拜访他人，应该先约好时间，以免扰乱被访者正常的工作、生活秩序，既可避免成为不速之客，也可防止找不到人。如果事先已约好，就应遵守时间，准时到达；如确有意外情况发生而不能赴约或需要改时间，要事先通知对方，并表示歉意。失约或迟到都是不礼貌的行为。

3. 拜访之前要安排周密

中国有句古话，叫做“无事不登三宝殿”。一般来说，拜访都有一定的目的，如需要商量什么事情，拟请对方帮什么忙等。怎样交谈更为妥当，事先也要认真地设想和安排一下，尤其是拜访身份高者或年长者更要注意谈话的方式。如果有必要，可将你登门拜访的目的委婉地告诉被访者，使对方有一定的准备。看望老人、病人或走亲访友、拜见上司需要哪些礼品，也要事先准备妥当。

其次，要把握拜访的礼节。

拜访者的态度、谈吐和行为的优劣将直接影响拜访目的的实现，因此可以说，文明礼貌的语言和优雅得体的举止是对拜访者永恒的要求。具体说，拜访者要注意以下几个方面：

1. 进门之前要敲门或按门铃

到拜访对象的家或办公室，事先都要敲门或按门铃，等到有人应声允许进入或出来迎接时方可进去，不可擅自闯入。即使门原来就敞开着，也要以其他方式告知主人有客来访，否则，会被视为缺少教养。

2. 随身物品不要乱放

有时拜访者需要带一些物品或礼品，或随身带有外衣和雨具等，这些都应该搁放到主人指定的地方；如无指定的地方，可在征求主人的意见后，按主人的意见放置，不可乱扔、乱放。礼品一般应该放置在较为隐蔽处。

3. 待人接物要有礼貌

对主人房里所有的人，无论熟悉与否，都应一一打招呼。如拜访对象是位年长或身份高者，应待主人坐下或招呼坐下以后方可坐下；对主人委派的人送上的茶水，应从座位上起身，双手接过，并表示感谢；主人端上果食，应等到其他客人或年长者动手之后再取之；吸烟者，应尽量克制，实在想抽时，应先征得主人的同意。进门后，应按主人的指引进入某一个房间，而不应该径直走进主人的卧室。如果主人家里铺有地毯等地面装饰物，则应征求主人意见，是否需要换鞋后再进入。

4. 谈话时要随机应变

交谈时要随机应变。交谈者除了表达自己的思想观点外，还要注意倾听对方谈话的内容，观察对方情绪与环境的变化，并注意响应。如对方谈兴正浓，交谈时间可适当长些，反之可短些；如对方发表自己的观点，应适当地插话或附和；如自己谈得太多，应注意留给对方插话或发表意见与建议的时间和机会。专程到住宅拜访与顺访、闲聊不同，一般有较强的目的性。如果请主人帮忙，应开门见山，把事情讲清楚，不要含混不清，令主人无从做起；如果主人帮忙有困难，就不能强人所难，硬逼着人家去办。

5. 应将辞行时间把握好

在与主人交谈的过程中，如果发现主人心不在焉，或时有长吁短叹，说明他心情烦躁，或有急事想办又不好意思下逐客令，这时，来访者应及时、礼貌地提出告辞。如果主人处另有新的朋友来访，一定是有事而来，这时，即使主人谈兴正浓，也应在同新来者简单地打过招呼之后，尽快地告辞，以免妨碍他人。

6. 告辞时要彬彬有礼

不管拜访的结果如何，都应该十分注意告辞的方式。告辞之前要显得沉稳，不要显得急不可待。告辞应由客人提出，态度要坚决，行动要果断，不要嘴上说“该走了”却迟迟不动身。辞行时，应向主人及其家属和在场的客人一一握手或点头致意。此外，如果拜访某位朋友且未见到，可向其家里人、邻居或办公室的其他人将自己的姓名、地址、电话留下，以免主人回来后因不知来访者是谁而造成不安的心理。

除此之外，无论主人对你多客气，你和主人有多熟悉，以下的一些细节也千万不能忽视：

1. 脱下的鞋子要摆齐。鞋子脱下来后乱放一气是不雅观的。鞋子擦得锃明瓦亮，人也显得潇洒，但鞋子脱下后应该放整齐，并可把鞋子靠边一点儿摆放，且调换一下方向，以便告辞出来时穿着方便。切忌进屋前先调方向后脱鞋，因为这样一来正好把屁股对向迎接你的人，就显得有点儿失礼了。

如果是穿着大衣去的，进门就要脱下。往回返时出了门（正门）后才能穿上。

2. 忌东张西望地环视四周，尽管无可笑之因，也一个劲儿地傻笑不止，这种不能安静下来的举动会使对方产生不愉快的想法，认为“大概是不太高兴与我见面吧”！

3. 忌用吸管喝饮料时发出咕咕响声、喝汤时发出吧哒吧哒的声音、嘴里一边咕噜咕噜地吃着东西，一边又在唠叨个没完没了，这些情况都是做事不够检点的表现。

4. 亲昵要有分寸。例如，当对方的母亲在旁边时要有礼貌，不能直呼对方绰号。当受到招待、主人拿出食物时，如茶和冰淇淋，一般情况是热的东西趁热吃、清凉的饮料要趁其凉的时候吃，要诚挚地道声感谢的话，说一声“非常好吃”之类的话。当询问其这是如何制作的时，要显得非常高兴的样子，请求给予说明。

5. 上卫生间要弄得干干净净。上卫生间不论做什么都要弄得干净利落，如：整理头发洗脸时，洗脸池周围的脱发都要打扫干净，上卫生间出来时要把里面穿用的拖鞋放整齐等等。

6. 切忌到人家里后，“啪”地把装东西的袋子一扔，自己也一屁股就坐到椅子上去。也许自己不会感觉到有什么不好，但在别人眼里怎么看呢？

拜访除了要遵从客随主便的规矩外，更重要的是要记住：不要在做客时表现得不拘小节，没有哪一位主人会欢迎表现得随随便便的客人的。

合乎礼仪的介绍能帮你树立良好的个人形象

在日常生活中，为两个或几个不熟悉的人相互介绍是常有的事，但介绍时的礼仪却常作为细节被人忽视了。其实在交际场合中，介绍的礼仪是非常重要的，我们应当重视并掌握介绍的礼仪。

1. 介绍的方式

在社交场合中，根据不同的介绍环境和介绍条件来划分，可以将介绍分为不同的方式。

按照社交场合的正式与否来划分，可以分为正式介绍和非正式介绍。正式介绍应严格遵守介绍程序，比如中央首长接待外宾，首先按照职务高低先向客人一一介绍陪同人员的姓名与职务，然后是来访者向东道主一一介绍随同来访人员的职务与姓名。这种外交场合的介绍非常严格，不能有一丝疏漏。又比如举行某一会议，会议举办者应按职位高低向与会者一一介绍参加会议的领导，不能有遗漏或者姓名与职务的张冠李戴。

非正式介绍比较随便。按照介绍者的位置来划分，可以分为自我介绍、他人介绍和为他人做介绍。在进行自我介绍和他人介绍时，介绍者的我和被介绍者的我都处于当事人的位置。为他人做介绍，则介绍者处于当事人之外的位置。

按照被介绍者的身份、地位、层次来划分，可以分为重点介绍和一般介绍。对于重要的人物,如,身份高者、有社会影响者、有突出贡献者、年长者和贵宾可做重点介绍。

2. 介绍的方法

根据对介绍方式的划分,我们就其中比较重要的,并经常使用的几种方式进行分析,以期掌握不同介绍方式的具体方法。

①自我介绍

自我介绍是交际场合中常用的一种介绍方式。在许多人交谈或聚会的场合,如果你要和一个不相识的人谈话,首先应该做自我介绍,表明自己的身份。自我介绍时,介绍者就是当事人。其基本程序是:先向对方点头致意,得到回应后再向对方介绍自己的姓名、身份和单位等,同时递上事先准备好的名片。也可先请问对方的姓名,待对方注意自己时,再简洁地介绍自己。若能找出与对方的有关与相似处,则容易进行彼此沟通。

如果见面双方,一方是主人,一方是宾客,则作为主人的一方通常应主动打招呼,以示不但知道客人来访,而且表示高兴与之会见。

在向别人做自我介绍时,表情态度要自然大方,充满自信,从而增加交往的信任感,否则,会造成沟通的障碍。目前,在西方大多数国家,自我介绍的风气已经不同程度地形成,它能打破无人介绍的僵局,显露出热情和坦率。

关于他人进行自我介绍的几个问题:

在对方做自我介绍时应避免直言相问、缺乏礼貌;

不要涉及对方的敏感问题,如年龄、收入等等;

在他人做自我介绍时要仔细聆听,记住对方的姓名、职业等。当他人自我介绍后,你也应做相应的自我介绍,这才是礼貌的做法。

②他人介绍

他人介绍,是指在社交场合由他人将你介绍给别人。由他人做介绍，自己处于当事人的位置，因此，应该站在另一位被介绍人的对面，待介绍完毕，应主动与对方握手，说声“见到您真高兴”、“认识你很幸运”等。也可递上自己的名片，并请对方多指教、多关照等。如对方愿意交谈，你应表示高兴交谈；对方让你稍等并表示歉意时，你应说“没关系”，并耐心等待。

③为他人做介绍

为他人做介绍时，介绍者处于当事人之外的位置，因此，介绍之前必须了解被介绍双方各自的身份、地位，了解双方是否有结识的愿望等。如果被介绍双方虽未谋面，但已耳闻对方秉性，只要有一方对对方没有好感，介绍时局面就会令人尴尬。在介绍时，应坚持受到特别尊重的一方有了解对方的优先权的原则，即介绍的先后顺序应当是：先向身份高者介绍身份低者；先向年长者介绍年轻者；先向主人介绍来宾；先向女士介绍男士；先向先在场者介绍后到者。在口头表达时，先称呼身份高者、年长者、主人、女士和先在场者，再介绍对方，然后介绍先称呼的一方。

在介绍时，手势动作应文雅，无论介绍哪一方，都应手心朝上，手背朝下，四指并拢，拇指张开，指向被介绍的一方，并向另一方点头微笑。切忌伸出手指指来指去，尤其对年长者、身份高者更要注意。必要时，可以说明被介绍的一方与自己的关系，为双方找一些共同的谈话内容，如双方的共同爱好、共同经历或相互感兴趣的其他事物，以便促进双方的相互了解和信任。

④集体介绍

集体介绍一般可采取的方法有两种：一种是将一人介绍给大家。这种方法适用于在重大的活动中对于身份高者、年长者和特邀嘉宾的介绍。比如电视台的节目主持人，把身边特邀嘉宾主持介绍给直播现场的朋友和电视机前的观众朋友，例如，“这位是著名演员 × × ×，我们有幸请他为我们主持节目”。介绍后，可让所有的来宾自己去结识这位被介绍者。另一种是将大家介绍给一人，这种方法适用于在非正式的社交活动中，使那些想结识更多的、自己所尊敬的人物的年轻者或身份低者满足自己交往的需求，由他人将那些身份高者、年长者介绍给自己。这种介绍也适用于正式的社交场合。某主要领导人对其特殊下属（如劳动模范、有突出贡献者等）的接见，还适用于两个处于平等地位的交往集体的相互介绍。

⑤商业性介绍

商业性介绍的目的，在于通过介绍使双方相识、了解、信任之后，进而建立某种贸易性的往来关系。这种介绍方式随着市场经济的发展，已被越来越多的人所认同，并对社交性介绍产生越来越大的影响。

在商业性介绍中，不分男女老少，只凭社会地位的高低作为衡量的标准，遵从社会地位高者有了解对方的优先权的原则，在任何场合，都是将社会地位低者介绍给社会地位高者。这是商业性介绍的显著特点，成为一种约定俗成的介绍惯例。如介绍时可说：“张总经理，这是我的秘书方小姐，请多关照。”然后才说：“方小姐，这是××公司的张总经理。”

与一般社交性介绍不同的是，商业交往活动切不可遵循一般的介绍礼仪。当男士被介绍给比他地位低的女士时，无须起立；只有当两个人的社会地位相同时，才遵循先介绍女士这一原则，对这一点有必要做一定的了解。

合乎礼仪的介绍可以帮助彼此不熟悉的人更多地沟通和更深入地理解，可以缩短交往双方的距离，可以帮你树立良好的个人形象，因此掌握介绍礼仪对每个人来说都是非常重要的。

握手不可太随意

不管是新朋还是旧友，不论是社交场合还是商业场合，见面时最先要做的就是握手，所以握手不是一种随意的行为，而是一种重要的社交礼仪。

在社交活动中，有时只要遵循一般的握手礼仪，但有些情况下却要按照特殊的握手要求去做，所以你一定要按情况区别对待。

1. 一般的握手礼仪

握手的一般性要求主要包括：

①握手姿态要正确。行握手礼时，通常距离受礼者约一步，两足立正，上身稍向前倾，伸出右手，四指并拢，拇指张开与对方相握，微微抖动 3 到 4 次，然后与对方的手松开，恢复原状。与关系亲近者握手时可稍加力度和抖动次数，甚至可用双手热烈相握。

②握手必须用右手。这是一条通则，伸左手显得不礼貌。如果恰好右手正在做事，一时抽不出来，或者手弄得很脏很湿，应向对方说明，摊开手表示歉意，或立即洗干净手，与对方热情相握。如果戴了手套，则要取下后再与对方相握。

③握手要讲究先后次序。一般由年长的先向年轻的伸手，身份地位高的先向身份地位低的伸手，女士先向男士伸手，老师先向学生伸手。如果两对儿夫妻见面，先是女性互相致意，然后男性分别向对方的妻子致意，最后才是男性互相致意。拜访时，一般是主人先伸手表示欢迎；告别时，应由客人先伸手以表示感谢，并请主人留步。不应先伸手的就不要先伸手，见面时可先问候致意，待对方伸手后再与之相握，否则是不礼貌的。许多人同时握手时，最好不要交叉握手，应根据顺序，待他人握毕，你再伸手。

④握手要热情。握手是否热情，表示热情的分寸是否恰当，从握手时的表情、握手的方式、力度、时间等都可以体现出来。握手时双目要注视对方的眼睛，微笑致意。切忌漫不经心、东张西望、边握手边看其他的人和物，或者对方早已把手伸过来，而你却迟迟不伸手相握，这都是冷淡、傲慢、极不礼貌的表现。握手的时间以3秒钟左右为宜，有些人握住别人的手紧紧不放而只顾热情地说话，特别是在公共场所或路上，使对方很不自在。一般情况下，掌心向下，是一种傲慢的握手方式，掌心向上则显得过于谦卑，普遍采用的握手方式是：双方的掌心侧向相对而握。

⑤握手力度要适中。既不能有气无力，也不能握得太紧，甚至握痛了对方的手。握得太轻，或只触到对方的手指尖，不握住整只手，对方会觉得你傲慢或缺乏诚意；握得太紧，对方则会感到你热情过火，不善掩饰内心的喜悦，或觉得你粗鲁、轻佻而不庄重。此外，还要注意不要一只脚站在门外，另一只脚站在门内握手，也不要连蹦带跳地握手或边握手边敲肩拍背，更不要有其他轻浮不雅的举动。

2. 特殊的握手要求

所谓握手的特殊要求是针对握手对象身份的特殊性而言的，主要是：

①与贵宾或与老人握手时除了要遵守上述普遍要求之外，还应当注意以下几点：当贵宾或老人伸出手来时，你应快步趋前，用双手握住对方的手，身体微微前倾，以表示尊敬。还可根据场合，边握手边问候，说些表示热烈欢迎和热情致意的话。在握手时千万不要昂首挺胸，也不要胆小畏缩。在社交场合遇到身份高的熟悉的老人，不要贸然上前打断对方的谈话或应酬活动，应在对方谈话或应酬告一段落后再上前问候，握手致意。如果在不止一人的场合中，应遵守先贵宾、老人的一般习惯次序。

②与上级或下级握手同样要遵守普遍要求，但还应注意：上下级见面时，一般应由上级先伸手，下级方可与之相握。如果上级不止一人，握手顺序应由职位高的到职位低的，如职位相当则可按一般的习惯顺序，也可由一人介绍，你一一与之握手。上级与下级握手时，应热情诚恳，面带笑容，注视对方的眼睛；漫不经心、敷衍了事、冷漠无情、架子十足，或者在与下级握手后又用手帕擦手，都是不得体或无礼的行为。

③与女士握手比与男士握手有更多的讲究。按一般的规矩，在一般的场合，女士总是习惯于点头或者微笑，是否要握手，完全看她们个人的习惯和高兴的程度而定。如果女方愿意的话，应由她先伸出手来，男士只要轻轻一握即可；如果女方不愿意握手，她可以微微欠身鞠躬，或用点头、说客气话来代替握手。男士先伸手去和女士握手是不适宜的，会使对方感到尴尬。不过，若是男士已伸出手来，女士也理应有所反应，因为不论怎么说，漠视一个自然而友好的举动是很不礼貌的。在握手前，男士必须先脱下手套，摘下帽子，而女士则可戴着手套。

如果你还认为握手只是社交中无关紧要的小节，那么你就要立即纠正这种错误的观念。无论在什么情况下，礼貌欠缺总会使人感到不快，所以握手的礼节是你必须要掌握的。

不雅的小动作会损害你的形象

我们每天都要置身于各种不同的社交场所中，面对不同的人和事，我们的行为举止一定要与我们的身份相称，千万不要在一些细小的地方表现不雅，否则你就会受人轻视。

你不妨检查自己是否有如下不雅行为：

有些耳痒的人，只要他看见什么可以用，就会不分场合地随手取一支来掏耳朵。尤其是在餐室，大家正在饮茶、吃东西的当儿，掏耳朵的小动作往往令旁观者感到恶心、失礼。有些头皮屑多的人，在社交场合也因忍耐不住皮屑刺激的瘙痒而搔起头皮来。搔头皮必然使头皮屑随风纷飞，这不仅难堪，而且令旁人大感不快。

宴会席上，谁也免不了会有剔牙的小动作，既然这个小动作不能避免，就得注意剔牙的时候不要露出牙齿，更不要把碎屑乱吐一番，这都是失礼的行为。假如你需要剔牙，最好用左手掩住嘴，头略向侧偏，吐出碎屑时用手巾接住。

由于自己不拘小节的习性而破坏了自己的形象，这实在不好，针对此必须注意以下细节：

手——最易出毛病的地方是手。把手掩住鼻子、不停地抚弄头发、使手关节发出声音、玩弄接过手的名片，无论如何，两只手总是忙个不停，很不安稳的样子……本来想留给对方好印象，谁知道却因为这样而惹人厌烦。

脚——神经质地不住抖动，往前伸起脚，紧张时后脚跟踮起等等动作，不仅制造紧张气氛，而且也相当不礼貌。如果在讨论重要提案时伸起脚，准会被人责骂。

在参加会议时更不要当众抖动双腿。这种小动作多发生在坐着的时候，站立时较为少见。这种小动作虽然无伤大雅，但由于双腿颤动不停，令对方觉得不舒服，而且也给人以情绪不安定的感觉，这是失礼的。同样，让翘起的腿钟摆似地晃动也是相当难看的姿态。

背——老年人驼背是正常的事，可如果二三十岁的年轻人都驼背的话，可就不太好了。所以，必须挺直腰杆和人交谈。

眼睛——目光惊慌，在该正视时却把目光移开，这些人是缺乏自信，就是隐藏着不可告人的秘密，容易使人反感。然而，直盯着对方的话，又难免会让人产生压迫感，使别人不满。因此只要能安详地注视对方的眼睛就可以了。

表情——毫无表情，或者死板的、不悦的、冷漠的、无生气的表情，都会给对方留下坏的印象，应该立即纠正，不要让自己脸上有这种表情。为使说话生动，吸引对方，最好能有生动活泼的表情。

动作——手足无措、动作慌张，表示缺乏自信。动作迟钝、不知所措，会使人觉得没精神。昂首阔步、动作敏捷、有生气的交谈等会使气氛变得活跃。所以，千万别忘了人是依态度而被评价、依态度而改变气氛的。

你是否觉察到在你身上存在着一些令人讨厌的小动作？这些动作不仅多余而且绝对有损你的社交形象！下面是一些常见问题，如果你确实具有这些表现，一定要尽快纠正它：

1. 你专爱打听他人的电话号码、家庭成员；

2. 自以为是，爱说大话，觉得自己很了不起；

3. “你说吧，咱们到哪儿去呢？”你总是见了面后再来商量。下次再约会时，最好先想好了要去的地方；

4. 一见面你总是对别人说：“你头发好少呀！”“你太胖了呀！”

5. 一张口就会说“你瞎说”、“你讨厌”一类的话；

6. 你一面说，“吃什么都行”，一面又挑肥拣瘦；

7. 千万不要在外人面前梳头发、照镜子，那样会有失体面；

8. 与人谈话时，东张西望地注视周围；

9. 参加会议时，多次更换座位，这是不沉着的表现。让人觉得你除了会议之外，也许还有其他惦记的事；

10. 用手遮着嘴说话，怯场的女性多有这样的动作。但是，这往往体现出高度关心性别，尤其是关心男性。

当对方的膝向着别的方向，不向着自己的时候，是心也向着别的地方的表现。也许对你不关心。

胳膊抱在胸的正中间，是拒绝的姿势。恐怕在什么地方生你的气或者不相信你；假如对方抱臂不在胸的正中间，而在胸的下边抱着胳膊，说明是好意的动作，那就可以放心了。

而与之相对应的是一些有礼貌的小动作，在适当的时候做这些“小动作”会突显出你的教养水平：

1. 点头。这是与别人打招呼时使用的礼貌举止，通常多用于迎送的场合，尤其是在迎送者有许多人时，用点头就可以向许多人同时致意，表示见面时的喜悦或离别时的惆怅。在其他场合有时也用到点头；

2. 举手。这也是与别人打招呼的礼貌举止，通常用于和对方远距离相遇或仓促擦身而过的时候。它的用意在于表示自己认出了对方，但因条件限制而无法站停施礼或与对方交谈。用这种随机的礼貌可以消除对方的误会，并感到与正常打招呼差不多的满意；

3. 起立。这是位卑者向位尊者表示敬意的礼貌举止，现常用于集会时对报告人到场或重要来宾莅临时的致敬。平时，坐着的男士看到站立着的女子，或坐着的年轻者看到刚进屋的年长者，或者在送他们离去时，也可以用短暂的起立来表示自己的敬意；

4. 欠身（弯腰）。欠身或者弯腰，都是向别人表示自谦的礼貌举止，也就相当于在向对方致敬。它与鞠躬的差别只有程度上的不同而已，即鞠躬要低头，而欠身或弯腰仅仅是身体稍向前倾，但不一定低头，两眼也仍可直视对方；

5. 鼓掌。这是表示赞许或向别人祝贺的礼貌举止，通常用于在聆听别人的长篇讲话和讲演，看完、听完别人的表演、演奏或献技之后，用以表示自己的赞赏、钦佩或祝愿。鼓掌一般需出声，但也可以不出声而仅仅做出鼓掌的样子，不过应当让对方直接看到。

6. 抱拳。这是身份相仿者之间互致敬意的礼貌举止。它是由古代我国文人在相互见面或告辞时，互做长揖的礼仪动作演变而来的。由于它简便易行，所以目前不少人仍喜欢使用；

7. 双手合十。这是兼含敬意和谢意两重意义的礼貌举止。最初仅通行于出家人即佛门弟子之间，以后逐渐流传到俗家人之间。因为这种礼貌举止很文雅，雅俗共赏，所以不少人也乐于使用。

生活中，小动作常容易被人忽视，其实恰巧是这些小动作会折射出一个人的修养、风度，因此，如果你想给别人留下好印象，就要多关注你的小动作，别在小处露出“马脚”。

吃饭时也要从细节处注意不惹人讨厌

生活中，我们常常要参加一些餐饮聚会，比如参加婚礼、同学聚会、朋友生日、同事升迁等等，这时我们一定要做到“吃有吃相”，在餐桌上不拘小节是最令人厌烦的。

当同桌的几个围坐在餐桌旁准备就餐时，你手拿筷子敲打碗盏或者茶杯；主人尚未示意开始，你就已经狼吞虎咽；不等喜欢的菜肴转到自己跟前，就伸长胳膊跨过很远的距离，甚至站起来挑食菜肴；喝汤时发出“咕噜咕噜”的声音、吃菜时“叽叽叽叽”作响；用餐尚未结束而饱嗝已经连连打出。这些现象都有失体面。那么，怎样的吃相才算雅观呢？

在入座之后，一面做好就餐的准备，一面可以和同桌的人随意进行交谈，以创造一个和谐融洽的用餐氛围。不要旁若无人，兀然独坐；也不要眼睛紧盯着餐桌的冷菜之类，显出一副迫不及待的样子，或者下意识地摆弄餐具。开始用餐时应注意只有当主人示意开始时，客人方可开始；用餐的动作要文雅，夹菜时不要碰到邻座的客人，也不要把盘里的菜肴拨到桌上，更不能打翻盘碗。

使用筷子也在长期的生活实践中形成了一些礼仪上的忌讳：一忌敲筷，即在等待就餐时，不能一手拿一根筷子随意地敲耍；二忌掷筷，即在摆放筷子时要轻放，距离较远时可以请人递过去，不能随手掷在桌上；三忌叉筷，就是筷子不能一横一竖交叉着摆放，或一根是大头、一根是小头；四忌插筷，即不论在何种情况下，都不能把筷子插在菜上或饭碗里；五忌挥筷，在夹菜时不能用筷子在盘里翻来搅去，也不能让两个人的筷子在碗中发生交叉；六忌舞筷，也就是在说话时不能把筷子做道具在空中乱舞或者用筷子指点别人。

用餐的礼仪远不止上面所说的这些，下面再举几例并稍作说明。

1. 不要在用餐时当众搔痒。大家都知道搔痒的举止不雅。搔痒的原因通常多是由于皮肤瘙痒而引起的。其中有些属于病理的原因，例如体质过敏，皮肤好发疱、疹，有时奇痒难忍；有些属于生理的原因，如老年人因皮脂分泌减少，皮肤干燥，也容易产生瘙痒。在出现这类情况时，当事者要按所处的场所来灵活掌握。如处在极严肃的场合，就应稍加忍耐；如实在忍无可忍，则只有离席到较隐蔽的地方去搔一下，然后赶紧回来，因为不管你怎样注意，搔痒的动作总是猥琐的，总以避人为好。尤其有些人爱搔痒纯粹是出于习惯且无意识，只要人稍一坐停就不断用手在身上东抓西挠，这更是不好的习惯，应尽量克服。

2. 用餐时要防止发自体内的各种声响。生活经验告诉我们，任何人对发自别人体内的声响都不太欢迎，甚至很讨厌，诸如咳嗽、打喷嚏、打哈欠、打嗝、响腹、放屁等等。当然，这些声响有的只在人们犯病或身体不适时才有，例如打喷嚏，常常是在一个人患感冒的时候才发生。当出现这种情况时，正确的做法是用手帕掩住口鼻以减轻声响，并在打过喷嚏后向坐在身边的人说声“对不起”，以表示歉意。但是，有的声响却是习惯所造成的，主要是因本人不重视、不关心别人的心理所致。比如，有些人在大庭广众之下，不断地打哈欠或者连连放屁，竟然也不脸红。像这样就是很不好的习惯了，应当注意改正才是。

3. 用餐时不要将烟蒂到处乱丢。许多人都反对在餐桌上抽烟，究其原因，与不少抽烟者缺乏卫生习惯不无关系。有些吸烟者往往不注意吸烟对别人所造成的不便，他们不了解，不吸烟者除了害怕烟味会引起呛咳外，随风吹散的烟灰也使人感到不舒服，有时带有余烬的烟蒂还容易引起事故。这些都使不吸烟者不由自主地产生一种抵制吸烟的情绪。所以，如果吸烟者随意处置吸剩的烟头，将它们丢在地上用脚踩灭，或随手在墙上甚至窗台上揿灭等，都是很令人讨厌的。对此，也必须自觉加以纠正。

4. 吐痰务必入盂。随地吐痰，也是一种令人侧目的坏习惯。有些人由于积疾较深，随意将痰到处乱吐，甚至在用餐时也如此，这确实是种令人作呕的不文明行为，因为随地吐痰之所以惹人厌恶，不仅由于痰是脏物，吐在地上会直接弄脏地面，而且还由于痰内有大量细菌，会间接污染环境，传播疾病，损害许多人的健康。所以，文明的做法应当是将痰吐入痰盂；如果周围没有痰盂，就应到厕所里去吐痰，吐后立即用水冲洗干净。

用餐的礼仪是每个人都必须掌握的，千万不要因为一时疏忽而在席间做出不雅的举动，那会极大地损害你的个人形象，并给你与别人的交往带来障碍。

第七章　把住细节关，铺平交际路

社交形象的塑造不是一朝一夕的事情，而是在一个眼神、一个动作、一个表情等一举一动之间天长日久地自然形成的，但恰恰这些细节处不为人所注意。如果在自己家里，这些细节确实是无关紧要的小事，但是在社交场合却会直接影响别人对你的印象，因此，它们又都是影响社交形象的大事。

平时结人缘，急时好求人

求人办事靠的就是好人缘。一些人之所以觉得求人办事难，就是因为他们平时不注意人际关系，遇到困难的时候，自然也就没人来帮他。所以办事成功很大程度上靠的是平时关系的积累。

那么怎样才能在平时结下一个好人缘呢?

1. 对人以诚相待

与他人交往要以诚相待。虚伪、表里不一的行为只会被人疏远。诚实是你赢得好人缘的第一原则。

诸葛亮高卧隆中，自比管乐，抱膝长吟，略无意于当世。他与刘备原是素昧平生，谈不上有什么私人友谊。但刘备知道诸葛亮是杰出人才，一心想收为己用。他不顾自己中山靖王之后、汉室子孙的身份亲自去访问诸葛亮，一连去了3次，才得以相见。这种做法，十足地表示了他的诚挚。诸葛亮无意当世，原是找不到合意的主子，待见到刘备有重建汉室的雄心，对他又万分诚挚，便放弃高卧隆中的想法，以身相许，虽几经挫折，绝不灰心，到后来竟以“鞠躬尽瘁，死而后已”自矢。可见诚挚感人之深。

千万不要对别人使用欺骗手段。人无诚不信、无信不诚，你要诚，必先要修身，修身乃能立信，立信乃能行诚。因此，劝诫欲求人者，千万不要欺骗别人，免得别人对你抱有成见而发生不必要的怀疑。“汝也不爽，士贰其行，士也罔极，二三其德。”对配偶的不信任，还会遭到怨恨，何况是朋友呢！你应该增加你的诚，直到足以打动对方的心为止。任何事都要“反求诸己”，不必“求诸于人”，这是用诚挚去感动他人的唯一方法。

2. 对人守信用

许多人都有过这样的经验：与好友约定相见，老是迟到；但和客户谈生意时，却一定比对方早到。这样的人总认为彼此既是好友，守不守时无所谓，而纵容自己的疏失。实际上，这样做只会失去朋友的信赖，友谊肯定会因此而逐渐疏淡。因此，赢得好人缘的又一条原则就是始终保持守信用的美德。

不论公事或私人的约会，不遵守约定的日期或时间，对方基于友情不会露骨地表示不满，但在心中定会感到不悦。如果只限于此，倒还是幸运的事，关键是对方可能因此视你为没有修养的人而不愿继续深交。

不守信用的人往往会被视为一个在交往中连最起码的道德都不遵守的人。

3. 说话不要得罪人

说话把握分寸，别得罪人，是一个人获得好人缘的第一准则。不去提及他人平日认为是弱点的地方，才是待人应有的礼仪。尤其是身体上的缺陷，本人几乎没有任何责任，同时也是事出无奈，所以千万别用侮辱性的言语攻击他人身上的残缺。

可是，生活中有些人在盛怒时往往忘了自身形象，忘了失去人缘可能会给自己带来的损害。平日相当友善的同伴，不至于和你反目成仇，但日后你再找他办事，可能就不灵了。有些人为了公司的前途，不得不牺牲别人，对于商场来说，“得罪人”意味着调职、开除等人事变动的宣告。如果，你也是经商人士的话，“得罪人”就是代表对方的拒绝往来或“关系冻结”。

4. 广交朋友

赢得好人缘还要有长远眼光，要在别人遇到困难时主动帮助，在别人有事时不计回报，“该出手时就出手”，日积月累，留下来的都是人缘。往冷庙烧香，有备无患，这是赢得好人缘的又一个原则。

平时不烧香，临时抱佛脚，菩萨虽灵，也不会来帮助你的，因为你平时心目中没有菩萨，有事儿才去找，菩萨哪肯做被你利用的工具！所以你请求菩萨，应该在平时烧香，表明你别无所求，不但目中有菩萨，心中也有菩萨。你的烧香，完全出于敬意，而绝不是买卖。一旦有事，你去求他，他对你有情，才会帮忙。

人情投资最忌讲近利。讲近利，就有如人情的买卖，就是一种变相的贿赂。对于这种情形，凡是有骨气的人，都会觉得不高兴，即使勉强收受，心中也总不以为然。即使他想回报你，也不过是半斤八两，不会让你占多少便宜的。你想多占一些人情上的便宜，必须在平时往冷庙烧香。平时不屑到冷庙烧香，有事才想临时抱佛脚，冷庙的菩萨虽穷，也绝不稀罕你上这一炷买卖式的香。一般人以为冷庙的菩萨一定不灵，所以成为冷庙。殊不知，英雄穷困潦倒是常有的事，只要风云际会，就能一飞冲天，一鸣惊人。

靠个人力量以求发展，则发展有限；多与各方朋友结缘，则发展的后劲没有止境。一个人可以有好几种投资：对于事业的投资，是买股票；对于人缘的投资，是买忠心。买股票所得的资产有限，买忠心所得的资产无限；买股票有时会赔钱，买忠心始终能把事儿办好；股票是有形资产，忠心则是无形的资产。“纣有人亿万，为亿万心，武王有臣十人，唯一心。”纣之所以败亡，武王之所以兴周，就在于有没有这份无形资产，“得天下者得其人也，得其人者得其心也，得其心者得其事也”。

5. 千万不要情绪化

一个情绪化太强的人大多被认为神经质，这种人易给人造成一种不合群的感觉，人缘也便随之而去。只有言谈举止始终保持常态，在公开场合上随圆就方，才会在社会上取得别人的认同。这种随圆就方，是赢得好人缘的又一个原则。

我们平时所遇到的事情或大或小，或间接或直接，其中涉及原则的事本没有多少，在一些无关痛痒的小事上犯不上与人斤斤计较，特别是感情用事。比如单位里某个同事就萨达姆的好坏谈了一种观点，虽然他的观点过于偏颇，你也没有必要情绪激昂地去与之辩出个头绪来，因为一句话两句话伤了感情，实在没什么必要。

6. 别盲目炫耀自己

生活中，要注意谦虚待人，不要把自己的长处常常挂在嘴边，老在人前炫耀自己的成绩。如果一有机会就说自己的长处，无形之中就贬低了别人，结果反被人看不起。切忌夸夸其谈，有人在与别人交往中，为了显示自己“能说会道”，便喋喋不休，没完没了地长篇大论，这种人会给人以不够稳重的印象。

力避憨言直语，用词要委婉，要融洽各方意见，不要只凭自己的主观愿望，说出不近人情的话，否则是得不到他人的好感和赞同的。只有言辞婉转贴切，才有利于融洽感情，给人留下难忘的印象。

人缘的好坏会直接影响到你办事的能力和水平，如果不希望自己在临时有事时孤立无援、求助无门，那么平时就一定要尽己之力，广结善缘。

嫉妒别人会自毁人缘

嫉妒虽然是小毛病，但却会给你造成极大的伤害。它是一股祸水，会使你头脑发昏、丧失理智，招来别人的厌恶。因此，你要时时提醒自己，嫉妒别人就是在毁坏自己的良好形象。

卢梭说：“人除了希望自己幸福之外，还喜欢看到别人不幸。”这句话不仅道出人类容易嫉妒的心理，更是一针见血地指出人类幸灾乐祸的想法。

嫉妒往往源于私心。如果真正大公无私，能全方位考虑问题，就不会产生嫉妒心理。能如此，他人会为你的崇高而由衷地喜悦，并以“见贤思齐”来要求和勉励自己。不嫉妒不仅会激励别人，更能培养自我。

荀子说：“君子以公理克服私欲。”孔子说：“君子明于道义，小人明于势利。”义，是天理所应实行的；利，是人情所应思索的。君子根据天理行事，便没有人欲的私心，所以能泛爱；小人放纵私欲，不明天理，所以嫉恶别人。

嫉妒是一种慢性“毒药”，可以使人不辨是非，对人无端生怨，对己则身心俱损。嫉妒是产生“恶毒仇恨”、“无名怒火”的重要根源。嫉妒会毁了自己，也会伤害他人。

有一个画家，他的作品有一定的影响，同时也给自己带来不菲的收入，但他从不看重这些，也不嫉妒他人，他的座右铭是“我永远是个小学徒”。他追求艺术的理想还像童年那样执著单纯，追求成功，但绝不嫉妒比他更成功的人。也许他成功的奥秘正在于此。

而生活中，我们见到最多的却是那些因嫉贤妒能而变得丑陋的人：“他不是比我强，老受表扬嘛，这次我就不帮他了，看他能比我强到哪里去!”

你知道什么是螃蟹心理吗？你知道渔民们怎样抓螃蟹吗？把盒子的一面打开，开口冲着螃蟹，让它们爬进来；当盒子装满螃蟹后，将开口关上。盒子有底，但是没有盖子。本来螃蟹可以很容易地从盒子里爬出来跑掉，但是由于螃蟹有嫉妒心理，结果一只都不能跑掉。原来，当一只螃蟹开始往上爬的时候，另一只螃蟹就把它挤了下来，最终谁也没有爬出去。大家不用想就知道它们的结局：它们都成了餐桌上的美味佳肴。

人一旦嫉妒起来，就好像那些螃蟹一样。嫉妒的人以消极的人生观为基础，他们信奉你好我就不好的信条，所以这种心理常常给人际关系带来破坏性的影响。

嫉妒的起因是我们发现别人比我们做得更好，别人比我们拥有得更多。嫉妒有推动力，但是它不能给我们正确的导航。它给我们指明一条道路，但是却让我们去妨碍和伤害别人。还记得《白雪公主》中那个原本很美丽的后母吗？因为嫉妒白雪公主比自己美丽，就狠下毒手，最后自己反倒被气得鼻歪眼斜，成了一个真正的丑女人。用拖别人后腿的方式来赢得胜利或者至少保持不输是非常愚蠢的做法。

嫉妒使我们放弃对自身利益的关注，别人的优势恰好映照出我们的不足。想要完成一个健康完善的自我的塑造，必须要懂得为自己加油。去拖别人的后腿只会使别人和我们一样差劲，而不会使我们获得进步。

嫉妒是发生在自己最熟悉的圈子里的，我们普通老百姓不会去嫉妒国家首脑所拥有的特权、亿万富翁所取得的财富，但我们却不能容忍周围普通的人超越我们半步，故而这种心理会对我们造成切实的伤害。你只要发现别人进步比你快，运气比你好，你心中便酸溜溜的不舒服，说话也不自觉地尖刻起来，甚至还会做出一些小动作。有了这样的行为方式，谁还会同你在一起互帮互助？到头来只能伤害到自己。

每个人都难免会有些嫉妒心在作祟，因此，看到别人发生不幸，有时候幸灾乐祸的感觉就会油然而生。这种情况，最常发生在那些与我们有利害关系的人身上，因为他们罹祸，我们就会觉得似乎又少了一个竞争的对手了。

但是，我们却忽略了他人在成功之前所付出的汗水与努力，因此，每个人都应该扪心自问：自己是怎么规划人生的？目前自己的工作充满了挑战与激情吗？自己在工作中，能否获得学习与成长的机会？与别人相比，自己是否有一些突出的特质？然后，将自己未来真正想做的事情，或是欲追求的目标记录下来。例如，希望身旁拥有什么样品质的益友？希望从工作中还能多学习到什么知识或技能？未来希望过什么样的生活？请将所有的梦想个体化，目标明确化吧。

当一个人成功的时候，其实往往代表了全人类的成功。爱迪生成功地发明了电灯，莱特兄弟成功地试飞了飞机，爱因斯坦发现了相对论等，这些成功的事例最后都给全人类带来了便利与福音。因此，不要嫉能妒贤，请为他人的成功感到骄傲，为他们喝彩吧！

不要只把嫉妒当成无关紧要的小毛病、小问题，细节可以决定成败，嫉妒之花往往会结出最难以清除的恶果。

小处更不可随便

古人告诫我们：“勿以善小而不为，勿以恶小而为之。”很多人往往能在大奸大恶面前保持自律，但面对小错小失时却常管不住自己。其实小处更能体现一个人的品格，因此千万不能在小处放纵自己。

生活中，普通人很少会犯大过失，因为大过失太明显、影响太大，有很多双眼睛盯着呢！而小过失则不然，它不引人注意，有时甚至别人都不会发现，小处随便一点儿似乎没什么大不了的。然而小事是人一生中最基本的内容，自我形象的定位也正是来自小事的累积。所以，小处不能随便，要让良心监督自己，不管事情大小，不论别人知不知道，你所要做到的就是问心无愧。

为人应不愧于人，不畏于天，即使在小事上也应如此。《诗·小雅·何人斯》中说：如果没有做什么有愧于己心的事，那么对于上天也没有什么可怕的。日本经营之神松下幸之助曾这样说道："盲人的眼睛虽然看不见，却很少受伤，反倒是眼睛好的人，动不动就跌跤或撞倒东西。这都是自恃眼睛看得见，而疏忽大意所致。盲人走路时非常小心，一步步摸索着前进，脚步稳重，全神贯注，像这么稳重的走路方式，明眼人是做不到的。人的一生中，若不希望莫名其妙地受伤或挫败，那么，盲人走路的方式，就颇值得引为借鉴。前途莫测，大家最好还是不要太莽撞才好。"松下这段名言的主旨是要我们凡事三思而后行，谨言慎行。人生的舞台是旋转的、不定的，我们应该慎重地举步落足，堂堂正正、光明正大地为人处世，朝着既定的目标前进。

一个美国游客到泰国曼谷旅行，在一个货摊上看见了十分可爱的小纪念品，他选中 3 件纪念品后就问价，女商贩回答是每个 100 铢。美国游客还价 80 铢，费尽口舌讲了半天，女商贩就是不同意降价，她说："我每卖出 100 铢，才能从老板那里得到 10 铢。如果价格降到 80 铢，我什么也得不到。"

美国游客眼珠一转，想出一个主意，他对女商贩说："这样吧，你卖给我 60 铢一个，每件纪念品我额外给你 20 铢的报酬，这样比老板给你的还多，而我也少花钱。你我双方都得到好处，行吗?"

美国游客以为这位泰国女商贩会马上答应，但只见她连连摇头。见此情景，美国游客又补充了一句："这只是小事一桩！别担心，你老板不会知道的。"

女商贩听了这话，看着美国游客，更加坚决地摇头说：“佛会知道。”

美国游客一时哑然。他为了达到自己的目的，就像钓鱼一样，设了一个诱饵，但女商贩并不上钩，关键在于她深深懂得：商人必须讲究商业道德，正经钱可赚，昧心钱不可得；别人能瞒得住，但良心不可欺。

为人的道理和经商的道理是相通的。“认认真真做事，清清白白做人。”这一句话几乎包含了各种层面的人生活动，比如做官、种田、教书、打仗等等；后一句话则更是强调，无论做什么事，都要“对得起天地良心”，于人于己问心无愧，无论处于何种人生情境，无论是别人知道还是别人不知道，做人都要珍视“人”这个崇高的称号，必须保持个人品德的纯洁无瑕。

利用别人不知道而欺骗别人，是一种最大的罪恶。许多奸恶之人大都以“别人不知道”来为自己壮胆，从而干下了许多坏事。天下的坏事可以分为两种情况：一种是利用别人不知道而进行欺骗，一种是虽然别人知道却不害怕。前者还知道有所畏惧，说明他良心未泯，后者就是肆无忌惮了。

《后汉书·杨震传》中记载了一则“杨震四知”的故事。东汉时期，杨震奉命出任东莱太守，中途经过昌邑时，昌邑县令王密是由杨震推荐上来的。这天晚上，王密怀揣十斤黄金来拜见杨震，并献上黄金以感谢他往日的提拔。杨震坚决不收。王密说：“黑夜没有人知道。”杨震却说：“天知、地知、你知、我知，怎么说没有人知道呢?”这则故事不仅仅涉及到了行贿、拒贿的问题，还涉及到了人的良知与做人方面的问题。在实际生活中，有多少的小人、奸人、恶人，不都是借着“黑夜没有人知道”的掩护，干下了大大小小的罪恶勾当吗?可是，那些在黑暗中干着不可告人勾当的人，不要以为自己在行动时别人不知晓。其实，天上地下的神明正睁着大眼睛看着你呢！因此应及早回头。当然，对于那些干坏事肆无忌惮的人，等待他们的是法律的制裁。

在一个人行动之前，良心起着审查和指令的作用；在行动中，良心起调整和监督作用；在行动后，良心对行动的后果进行评价和反省；或者满意或者自责，或者愉快或者惭愧。一个人做人能做到问心无愧，能在良心的引导下做事，大致上可以高枕无忧了。也就是谚语说的：“为人不做亏心事，半夜不怕鬼敲门。”

不要因为别人不知道就做有愧于心的事，不要因为错误很小就毫不在意；在为人处世中，你必须始终做到问心无愧，这样才能对得起你自己。

让仁爱宽容为你的形象加分

快节奏的都市生活使一些人变得越来越冷漠，越来越爱计较，而他们自己似乎对此毫无察觉，于是他们成了别人眼里“刻薄的人”。何必因为一些小事让人厌烦呢？如果你能在待人处世时更宽容仁爱一点儿，你就会赢得更多人的喜欢。

要知道人性之美在于宽容、仁爱，这种内在的形象比外在的形象更为重要。

中华民族传统的道德观念就是以“仁爱”为核心的。不过这个仁爱不是爱无差等，人人兼爱的，它主要集中表现为以个人为基点，以家庭为中心，由内及外，层层推进的一种关系。这种关系就好比扔一块石头到水里，激起的波纹层层向外推衍，越是向外，其推力越弱，也就是对于与自己关系越疏远的人，仁爱的程度就越小。这样一种伦理关系，十分适合我国传统社会的经济结构和状况，因此数千年来长存不衰，因为我们的生存是以家庭为背景的。在一个家庭里，依照这种道德关系，亲父母甚于兄弟，亲兄弟甚于邻里，亲邻里又甚于老乡，这对于维护家庭的和睦，保证生活的正常运转，都是自然而且有好处的。

但是，令人感到无可奈何的是，自从进入商品时代，步入现代社会，人与人之间的交往在范围程度上远较古代更广更深，因此我们也应当把宽容与仁爱之心扩展开来，因为只有善良的人才能比较正确、客观地看待、认识各种社会现象，才能比较冷静、稳妥地处理各类事务，才能让人乐于亲近和来往，一句话，善良的人才是美丽的。

生活中，你应该注意检讨自己，不要总对别人满怀敌意，不要把它当做无关紧要的小节而忽略。待人处世表现得更宽容、仁爱一点，你将因此而广受欢迎。

小事不必争得太明白

生活中，我们不要总是遇事就争个明白，一些无关紧要的小事就让它过去算了，为此斤斤计较、争论不休反而会损害自己在众人眼中的形象。

寺庙中的两个小和尚为了一件小事吵得不可开交，谁也不肯让谁。第一个小和尚怒气冲冲地去找方丈评理，方丈在静心听完他的话之后，郑重其事地对他说：“你说的对!”于是第一个小和尚得意洋洋地跑回去宣扬。第二个小和尚不服气，也跑来找方丈评理，方丈在听完他的叙述之后，也郑重其事地对他说：“你说的对!”待第二个小和尚满心欢喜地离开后，一直跟在方丈身旁的第三个小和尚终于忍不住了，他不解地向方丈问道：“方丈，您平时不是教我们要诚实，不可说违背良心的谎话吗？可是您刚才却对两位师兄都说他们是对的，这岂不是违背了您平日的教导吗?”方丈听完之后，不但一点儿也不生气，反而微笑地对他说："你说的对！"第三位小和尚此时才恍然大悟，立刻拜谢方丈的教诲。

以每一个人的立场来看，他们都是对的，只不过因为每一个人都坚持自己的想法或意见，无法将心比心、设身处地地去考虑别人的想法，所以没有办法站在别人的立场去为他人着想，冲突与争执因此也就在所难免了。如果能够以一颗善解人意的心，凡事都以"你说的对"来先为别人考虑，那么很多不必要的冲突与争执就可以避免了，做人也一定会更轻松。

因此，凡事都要争个是非的做法并不可取，有时还会带来不必要的麻烦或危害。如当你被别人误会或受到别人指责时，如果你偏要反复解释或还击，结果就有可能越描越黑，事情越闹越大。最好的解决方法是，不妨把心胸放宽一些，没有必要去理会。

比如对于上班族来说，虽然人和人相处总会有摩擦，但是切记要理性处理，不要非得争个你死我活才肯放手。就算你赢了，大家也会对你另眼相看，觉得你是个不给朋友留余地、不尊重他人面子的人，于是你会失去真正的朋友。

2002 年 3 月，一位旅游者在意大利的卡塔尼山发现一块墓碑，碑文中记述了一个名叫布鲁克的人是怎样被老虎吃掉的事件。由于卡塔尼山就在柏拉图游历和讲学的城邦——叙拉古——郊外，很多考古学家认为，这块墓碑可能是柏拉图和他的学生们为布鲁克立的。

碑文中记述的故事是这样的：布鲁克从雅典去叙拉古游学，经过卡塔尼山时，发现了一只老虎。进城后，他说，卡塔尼山上有一只老虎。城里没有人相信他，因为在卡塔尼山从来就没人见过老虎。

布鲁克坚持说见到了老虎，并且是一只非常凶猛的虎。可是无论他怎么说，就是没人相信他。最后布鲁克只好说，那我带你们去看，如果见到了真正的虎，你们总该相信了吧？

于是，柏拉图的几个学生跟他上了山，但是转遍山上的每一个角落，却连老虎的一根毛都没有发现。布鲁克对天发誓，说他确实在这棵树下见到了一只老虎。跟去的人就说，你的眼睛肯定被魔鬼蒙住了，你还是不要说见到老虎了，不然城邦里的人会说，叙拉古来了一个撒谎的人。

布鲁克很生气地回答：我怎么会是一个撒谎的人呢？我真的见到了一只老虎。在接下来的日子里，布鲁克为了证明自己的诚实，逢人便说他没有撒谎，他确实见到了老虎。可是说到最后，人们不仅见了他就躲，而且背后都叫他疯子。布鲁克来叙拉古游学，本来是想成为一位有学问的人，现在却被认为是一个疯子和撒谎者，这实在让他不能忍受。为了证明自己确实见到了老虎，在到达叙拉古的第 10 天，布鲁克买了一支猎枪来到卡塔尼山。他要找到那只老虎，并把那只老虎打死，带回叙拉古，让全城的人看看，他并没有说谎。

可是这一去，他就再也没有回来。3 天后，人们在山中发现一堆破碎的衣服和布鲁克的一只脚。经城邦法医验证，他是被一只重量至少在 500 磅左右的老虎吃掉的。布鲁克在这座山上确实见到过一只老虎，他真的没有撒谎。布鲁克在这场争论中取得了胜利，不过代价却是他宝贵的生命。

急于证明自己清白而为一些小事一争到底的人是愚蠢的，这样做只会白白地损害自己的形象，惹人耻笑。如果你能更大度一点儿，对这些无关紧要的小事一笑置之，那么你一定会赢得更多人的尊敬。

放弃凡事争个明白的傻念头吧！真正的智者从不会为小事斤斤计较，他们总是坚持走自己的路，不管别人怎样评说，而时间最后总会证明他们是正确的。

亲戚间要常走动

求人办事儿时，亲戚是我们容易求助的对象。生活中很多人对亲戚尤其是一些关系较远的亲戚，常常是没事不走动，有事再登门，就是这个小细节，让他们办事的成效大打折扣。亲戚平时就要常来常往，有事时才好求助。

郭力今年29岁了，能力很强，做过几年的生意，小发了一笔。但他不满足，总想干个大点儿的才过瘾。刚好村里的鱼塘要对外承包，他有心把鱼塘承包下来，只是手头的资金不够。

他左思右想，想到了他的一个远方亲戚，是他母亲的表弟，按辈分应该叫老舅，在县城承包了一个企业，经营得不错，是县城有名的"土财主"。这位老舅倒是有能力拉他一把，只是关系疏远，好长时间没有走动了，贸然前去，显得突兀不说，事情肯定办不了。怎么办呢？他决定先把关系搞好，和这位老舅亲近起来。他打听到这几天老舅身体不太好，时常犯病，他看准时机，拎了一大包的滋养品来到老舅家。

"老舅啊，有些日子不来看您了，您老人家怎么病了呢！年纪大了，可要多注意身体，别太操劳了。我这里有好东西，您好好滋补一下，身体肯定会好起来。"郭力非常热情地说，并把东西放到了老舅的桌子上。

俗话说"礼多人不怪"。虽说两家好长时间不走动了，但今天外甥拎了那么多的东西上门，而且是在自己生病的时候，这位老舅心里格外地高兴："郭力啊，你今天能过来，老舅我别提多高兴了。今天中午咱俩喝两杯。"郭力留下热闹了一番。

自此两家关系好了起来。以后郭力隔三差五地来看他的老舅。老舅视郭力如亲生儿子一般。郭力一看时机成熟了，这天他拎了两瓶酒来到老舅那里，两人喝了起来。郭力说：“老舅，您老人家对我真是太好了，我都不知道怎么说才好啊。”“孩子，什么都不要说了，咱两家谁跟谁啊？我是你长辈，往后有什么困难尽管和你老舅开口。别的不说，怎么说你老舅也是有身份的人。”郭力听后，故作激动万分之状，并连忙把承包鱼塘的事情说了。

老舅以长者的口吻说：“好啊，有志气，有魄力，老舅大力支持……做人就应该干一番事业。想法很好，不过工作的时候一定要慎重，年轻人千万不能急躁。”郭力连忙点头称是，接着把资金短缺的事情也说了出来。最后，郭力顺利地从老舅手里借到了3万元并承包了鱼塘。

在这个例子中，郭力干事业缺少资金，却从一个很疏远的亲戚那里得到了解决。郭力的眼光、求人的方法是很值得我们学习的。

我们都明白，亲戚有贫富远近之分，如果冒昧地去求人办事儿，恐怕办成的几率很小；如果先设法增进双方之间的感情，待时机成熟的时候再提出要求，办成事的几率往往大于前者。

这是因为亲戚关系和其他关系一样，在交往中也存在一定的规律，如果遵循这些规律办事儿，彼此的关系就会越来越亲密。所以亲戚间必须常来常往，亲戚“不走不亲”，“常走常亲”，这是中国人一贯的观点，只有经常地礼尚往来，才能沟通联系、深化感情、成功办事。

有人说：“我不缺吃不少穿，亲戚间何必要常联系、找麻烦呢?”此话不对。亲戚关系是一种人情味儿较浓的人际关系，不能蒙上庸俗的面纱，只有在亲近、挚密、常联系的基础上，才能建立真诚的关系。如果彼此间少了经常性走动，那就可能会出现“远亲不如近邻”的局面了。

在现实生活中，我们都有过这样的体验：作为亲戚之间的甲方若是一贯地照顾、帮助乙方，而乙方的回报却是不冷不热、不谢不颂的态度，时间长了，甲方必定会生气，认为乙方是不懂人情、不值得关照的冷血动物。若乙方依然以自我为中心，认为甲方帮助他是应该的，那甲方必然会终止与乙方的交往。相反，若乙方知恩懂情，虽然没有什么物质好处回报，但经常去帮助甲方做一些力所能及的事情作为感谢，甲方肯定愿意与乙方继续交往下去。

事实上，不论是一般关系还是亲朋好友，甚至是父母，都愿意听到一句别人对他们的感谢话，虽然他们的付出有多有寡，但受惠人一句贴心的话无疑对他们是一种心理的补偿。如果你只看重“来”，而轻视“往”，那么以后再想求助于对方也就困难了。

“常来常往”，首先表现在一个“往”字。意思就是说自身要发挥主观能动性，经常到亲戚家走走、看看、聊聊家常，这样是非常有益的。

或许，就是如此平常的“常来常往”，才会在以后的关键时刻得到亲戚的一臂之力。所以，不要以为“常来常往”是没用的、不必要的，无论从哪个角度来看，于情、于理都要掌握和运用这个技巧。

再举个例子。姜琪在东北某学院上学。在大学4年中，本来知道有一位比较远的亲戚在学院任教，但是总是感到好像是要讨好人家，从来没有去拜访过。临毕业了，看到同学们个个找关系，姜琪于是也开始着急了。

没有办法，只有硬着头皮去找那位亲戚。待自我介绍完毕后，那位亲戚比较友好地招待了她，并聊起了亲戚的情况。其实姜琪已经将这些都淡忘了，只好含糊其辞。尴尬地坐了一个小时后，那位亲戚说：“姜琪，我今天还有事，有空来玩吧。”姜琪一听下了逐客令，感到事情没有办就这样回去了，那不是白来了，于是讲出了自己的想法。那位亲戚一听马上绷起了脸，说：“姜琪，学校里对你们都有分配，有些名额是必须要满足的，我也不好参与什么。”姜琪只好灰溜溜地回到了寝室，感叹人情冷暖，世态炎凉。

在这里姜琪就犯了求人的大忌。姜琪这位亲戚是她的远亲，而且不常来往，姜琪因为毕业分配之事贸然前去相求，肯定办不成。想想吧，毕业分配对于个人来说是何等重大的事情啊，关系着一生的前途。这样重大的事别说是不常来往的远亲，就是至亲，也不是简单的事情。况且毕业分配人人想找个好工作，大家都削尖了脑袋求门路，这样一件难办的事情要托人跑关系，哪能说办就办?

这就是不会办事儿的表现。如果善于办事儿的话，你就应该未雨绸缪，在此之前就应该多往亲戚家跑跑，搞好关系的同时还能加深感情，待时机成熟再逐步说出自己的请求。这样不显山、不露水，才自然得体，否则临时抱佛脚，谁也不会轻易地答应你的请求。

“是亲三分向”。别管亲戚远近，平时常来常往，多多联系，遇到困难时，他们一定会比陌生人更乐于伸出援手。

结人缘要会拉近关系

拉近关系指的就是套近乎，其目的是为了消除距离感、陌生感，让所求之人愿意帮自己办事儿。但生活中很多人却忽略了套近乎的作用，只会干巴巴地求助，结果往往难偿所愿。

套近乎不打无准备之仗，准备得充分，才能套得牢靠。既然是套近乎，那就是说套近乎与求人办事要分开。虽然二者是手段与目的的关系，但不能让人一眼就看出来你套近乎就是为了求人。因为对方一旦看出，就会对你从心里有一种排斥感，这对于你以后求他办事是大为不利的。所以不妨搞一个迂回战术，也就是换一种说法，绕一个弯子会更好。另外，如果想与某人拉关系、套近乎，千万急不得，一定要循序渐进慢慢来。

套近乎还有很多的诀窍：

注意了解对方的兴趣爱好。初次见面的人，如果能用心了解和利用对方的兴趣爱好，就可以很快缩短双方的距离，而且兴趣相投会加深对方的好感。例如，和中老年人谈健康长寿，和少妇谈孩子和减肥，以及大家共同关心的宠物等。即使与自己不太了解的人也可以谈谈新闻、书籍等话题。这都能在短时间内给对方留下深刻印象。

多说平常的语言。著名作家丁·马菲说过："尽量不说意义深远及新奇的话语，而应以身旁的琐事为话题做开端，这是拉近彼此距离、促进人际关系成功的钥匙。"一味用令人咋舌与吃惊的话，容易使人产生华而不实、锋芒毕露的感觉。这样对方不接受你，自然会产生抵触情绪。受人爱戴与信赖的人，大多不属于才情焕发、以惊人之语博得他人喜爱的人，相反，却大多是平易近人、有亲和力的人。尤其对于初次认识的人，最好不要刻意显出自己的渊博和显赫，让对方认为你是个善良的普通人才是最好的。如果你不与他人处于共同的高度、共同的基础上，对方很难对你产生好感；如果你摆出一副高人一等的样子，别人也会用同样的态度对待你。

还有一点，就是减少与对方的对抗行为，例如批评、否定等。想想吧，你是求助者，有求于人，与人搞好关系、套近乎，当然要以对方为中心，协调好与对方的关系。如果初次见面就发生冲突，很容易引起对方的反感。如果留给别人第一印象不好的话，无疑为以后的求人办事增加难度。好的开始是成功的一半，坏的开始却有可能导致彻底的失败。当然，这并不是让你不提相反意见，而是应尽可能地避免当着他的面提出，或者可以借用一般人的看法以及引用当时不在场的第三者的看法，就不会引发对方反射性的反驳，还能够使对方接受你并对你产生良好印象。心理学家认为，人是这样一种动物，他们往往不满足自己的现状，然而又无法加以改变，因此只能自恃一种幻想中的形象或期待中的盼望。他们在人际交往中，非常希望他人对自己的评价是于己有利的，比如胖人希望看起来瘦一些，老人愿意显得年轻些，急欲升迁的人期待实现愿望的一天能早点儿到来等。

引导对方谈得意之事。任何人都有自鸣得意的事情，但是，再得意、再自傲的事情，如果没有他人的询问，自己说起来也无兴致。因此，你若能恰到好处地提出一些问题，引发他讲出得意之事，定会使他眉开眼笑，并敞开心扉畅所欲言，你与他的关系自然会融洽起来。

一张口就求人，很容易激起对方的抵触心理。因此，求人办事时千万不要忘了拉关系、套近乎，拉近双方距离，让对方认可你之后，事情自然也就好办了。

别忘了向帮你的人道谢

求人办事时，人们最常犯的一个小毛病就是疏忽致谢。有些人可能是觉得对方是自己的老朋友、亲戚，帮点儿忙是理所当然的事，或者虽然对方帮自己办了事，可自己当初也送了礼。这些想法都是大错特错的。无论什么人帮了你忙，都该得到你的感谢。

致谢必须是发自内心的，同时不管对方是陌生人还是亲朋好友，都要有所表示，可是许多人却忽略了这一点。事实上，不论是一般关系的人还是亲朋好友，都愿意听到感谢的话，虽然相较于他们的付出是微不足道的，但受惠人一句贴心的话对他们无疑是一种心理上的补偿。

王晓远离家人在上海工作，有一次他请同事老张的爱人织了件毛衣，式样新颖，手工精细，他登门直夸老张好福气，尔后逢人便赞张夫人好手艺。王晓的语言回报无疑是得体的。间接夸老张好福气，实际是说张夫人贤惠能干，里外几句话说得老张两口子心里暖烘烘的，逢人便说王晓懂事理。

对热情相助的人，在物质上给以回报，也是一种不失礼节的方式。物质交际虽然不是人际交往的主要方式，但它毕竟存在于现实生活之中。我们提倡淡化物质交往，并不是要取消物质交往，而是要让这种交往多一分真情，少一分铜臭味。

有时，适量的物质回报是培养良好的人际关系的特殊需要。比如某人曾多次帮助过你，某一天当他生病住院的时候，你拎上礼物去探望，无疑对他是一种莫大的慰藉。物质回报要遵循适度的原则，适量地“礼尚往来”，不要出于功利目的借回报之名行贿。

当语言回报不足以表达心意、物质回报又不合时宜时，行为回报不失为一种得体的回报方式。

小林幼时父亲不幸去世，是城里的叔叔供他上高中、念大学。近来叔叔体弱多病，小林经常利用空闲时间帮叔叔干家务，还时常利用机会寻医找药。做叔叔的听在耳里，看在眼里，喜在心里。

行为回报虽不像语言回报和物质回报那样悦耳、显眼，但它是无价的。于细微处见真情，好的行动无须用语言证明。当一个具有真才实学的青年求职时历经挫折终被一位贤明的“老板”录用之后，最好的报答不是好言好语，也不是厚礼，而是实干。

希腊一位哲人曾说：“感谢是最后会带来利益的德行。”善于求人的人经常都备妥感谢之辞，因为它往往成为人与人之间交往的润滑剂，在生意上的来往也因它而得以顺利地进行。

事实上，没有人不喜欢常听到感谢之辞。因此把“谢谢”二字随时摆在心中，需要时立刻派上用场，没有比这个既简单又容易的方法更好了。

那么，怎样说谢谢呢？表达谢意可以用很多方式说出来。然而，无论被怎样装扮，譬如用鲜花、午餐回报，或者其他方式，但这个词，或它的一种变化，一定要说出来或写下来。以下是一些传播这个不起眼但却绝对重要的信息的方法：

1. 明白地告诉他你的感谢。告诉他，他为你做的对你来说是很重要的，具体谢他在哪一方面帮助了你。例如，“我真的非常感谢你在编那个计算机程序上给我的帮助，起码为我节约了6个小时的时间。”

2. 对对方的帮助给予赞扬。让对方明白你认为他为你干的事是很特别并值得认可的。例如，“谢谢你的帮助！像你这样体贴人的老板真不多见。”

3. 表示出回报之意。告诉这个人你感谢他为你做的，并准备回报这个好心人。例如，“我很感激你能在开会时回我的电话，以后只要有用得上我的地方，请随时叫我!”

4. 写便笺表示感谢。说声谢谢是很有作用的，但写下来会更胜一筹。不妨亲笔写一个条子表达你的谢意。

5. 送份小礼物。送份礼物并附上一张便条。只要你送的礼物能够非常恰当地表达出你的感激之情，送什么都行。

6. 通过他人传达谢意。告诉别人你有多感谢他为你所做的一切。最后这话一定会传到帮助者的耳朵里去。例如，“张经理这人真好！他帮我安排了那次会面。要是没有他的帮忙，我真不知该怎么办好。”当你的感谢通过别人的嘴传到他耳朵里时，定会增色不少。

7. 主动提供帮助。与他人在一起，主动提出为他们的工作助一臂之力。“我来帮你干这事儿。甭客气，你帮我的次数可太多了。”

8. 请客吃饭。邀请他去吃中餐或晚餐，一定要表明你这是为了感谢他的帮忙。如果你邀请的是已婚者，应当把他的配偶一并邀请去。

“晴天留人情，雨天好借伞。”一句致谢话、一份小礼物并不会让你有什么损失，却会给对方留下良好的印象，把你当做值得帮助的人，下次你再开口求人，人家就会更愿意帮你。

第八章　从细节入手，塑造良好的心态

人有9类基本情绪：兴奋、愉快、惊奇、悲伤、厌恶、愤怒、恐惧、轻蔑、羞愧。前两个兴奋和愉快是正面的，第三个惊奇是中性的，其余六个都是负面的。在这9类基本情绪中，两类是好的，6类是不好的。由于人的负面情绪占绝对多数，因此人不知不觉就会进入不良情绪状态。我们的目的就是从细节入手，塑造良好的心态，把兴奋和愉快这两个好情绪调动出来，使大家经常处于积极的情绪当中。

用微笑培育自己健康的心态

细微的情绪带来的危害是远远超过我们所能预料的。比如你毫不在意的忧虑情绪就可能损害你的自信心，并让别人远离你。幸好这种情绪并不是不可战胜的，一个灿烂的微笑就可以告别忧虑。

微笑来自快乐。它带来快乐，也创造快乐。美国有一句名言："乐观是恐惧的杀手，而一个微笑能穿过最厚的皮肤。"它形象地说明了微笑的力量不可抵挡。

美国有这样一则笑话：几位医生吹嘘自己的医术高明。一位医生说他给跛子接上了假肢，使他成为一名足球运动员；另一位医生说他给聋子安上了合适的助听器，使他成为一名音乐家；而美容大夫说，他给傻子添上了笑容，结果那位傻子成了一名国会议员。

这则笑话虽有些夸张，却也能从侧面说明微笑的魅力。生活中如果失去了乐观的气氛，就会如同荒漠一样单调无味。一个微笑不费分毫，如果你能始终慷慨地向他人行销你的微笑，那你的获得将不仅仅是回报的一个微笑，你将获得长期的客户关系，你将获得丰厚的报酬，你将获得事业的成功。

人不应把全盘的生命计划、重要的生命问题，都去同挫折较劲。无论你周围的事情是怎样的不顺利，你都应努力去支配你的环境，使你自己从不幸中挣脱出来。你应背向黑暗、面对光明，阴影自会留在你的后面。

把忧虑快速地驱逐出心境，是医治忧虑的良方。但多数人的缺点就是不肯放开心扉，让愉快、希望、乐观的阳光照耀，相反，却紧闭心扉，想以内在的能力驱走黑暗。他们不知道外面射入的一缕阳光会立刻消除黑暗，驱除出那些只能在黑暗中生存的心魔！

你要想获得别人的喜欢，就要真心地微笑。真心的微笑，是一种令人心情温暖的微笑，一种发自内心的微笑，这种微笑才能帮你赢得众人的喜欢。你见到别人的时候，一定要很愉快，如果你也期望他们见到你很愉快的话。

兰登是阿肯色州一家电器公司的销售员，结婚已经8年了。他每天早上起床之后便匆匆地吃过早餐，冷漠地与妻子孩子打声招呼后就匆匆上班了。

他很少对太太和孩子微笑，或对她们说上几句话。工作时他也是群体中最闷闷不乐的人。

后来，兰登的一个好朋友乔尼告诉他，如果他再这样下去，周围的人都会疏远他。兰登也意识到了这一点，于是，他决定试着去微笑。

兰登在早上梳头的时候，看着镜子中满面愁容的自己，对自己说：“兰登，你今天要把脸上的愁容一扫而光，你要微笑起来，你现在就开始微笑！”当兰登下楼坐下来吃早餐的时候，他以“早安，亲爱的”跟太太招呼，同时对她微笑。

兰登太太被搞糊涂了，她惊愕不已。从此以后，兰登每天早晨都这样做，已经有两个月了。这种做法在这两个月中改变了兰登，也改变了兰登全家的生活氛围，使他们都觉得比以前幸福多了。

“现在，我去上班的时候，就会对大楼的电梯管理员微笑着说一声‘早安’。我微笑着向大楼门口的警卫打招呼。当我跟地铁收银小姐换零钱的时候，我对她微笑。当我在客户公司时，我对那些以前从没见过我微笑的人微笑。”兰登说，“而且我很快发现，每一个人也对我报以微笑。我以一种愉悦的态度来对待那些满腹牢骚的人。我一面听着他们的牢骚，一面微笑着，于是问题就更容易解决了。我发现微笑带给我更多的收入。”

微笑源自快乐，也能创造快乐；成功者从不会吝惜自己的微笑。

当你感觉到忧虑、失望时，你要努力改变环境。无论遭遇怎样的挫折，都不要反复想到你的不幸，不要多想目前使你痛苦的事情。要想那些最愉快最欣喜的事情，要以最宽厚、亲切的心情对待人，要说那些最和蔼、最有趣的话，要以最大的努力来释放出快乐，要喜欢你周围的人！这样你就能逃离忧虑的阴影，感受快乐的阳光。

从细节入手消除抑郁情绪

抑郁代表的是一种消极的意识和自我折磨的心态。有人认为抑郁只不过是由内向导致的，没有什么大不了的，殊不知这种不良情绪是严重制约人做大事的原因之一。我们应当用积极乐观的态度去面对生活，消除抑郁。

一些人的抑郁是由某一些生活事件，诸如失业、住房问题、贫穷或重大的财产损失造成的。另一些人的抑郁似乎与遗传有关。还有一些人，由于早期苦难的生活经历，使得他们具有抑郁的易感性。更有一些人其抑郁根源于家庭、人际关系或与社会隔绝等问题。当然，人们或许有其中一种或多种问题，因此毫不奇怪，我们对付抑郁，需要各种治疗方法和手段，对一个人有效的方法或许对另一个人无效。

下面几种方法，你不妨尝试一下：

1. 对日常生活要合理安排

抑郁的人对日常必需的活动会感到力不从心，因此我们应对这些活动进行合理安排，以使它们能一件一件地完成。以卧床为例，如果躺在床上能使我们感觉好些，躺着无疑是一件好事。但对抑郁的人来说，事情往往并非这么简单。他们躺在床上，并不是为了休息或恢复体力，而是一种逃避的方式，渐渐地他们会为这种逃避而感到内疚、自责。因此，最重要的是，努力从床上爬起来，按计划每天做一件积极的事情。

有时，一些抑郁者常常带着这样的念头强制自己起床："起来，你应该努力了，你怎么能光躺在这呢？"其实，与之相反的策略也许会有帮助，那就是学会享受床上的时光。一周至少一次，你可以躺在床上看报纸，听收音机，并暗示自己：这多么令人愉快。你应当学会，在告诉自己起床干事情的时候，不再简单地"强迫自己起床"，而是鼓励自己起床。因为躺在那儿想自己所面临的困难，会使自己感觉更糟糕。

2. 有步骤地对抗抑郁

对抗抑郁的方式之一，就是有步骤地制定计划。尽管有些麻烦，但请记住，你正训练自己换一种方式思维。如果你的腿断了，你将要学会如何逐渐地给伤腿加力，直至完全康复，对不对？有步骤地对抗抑郁也必须是这样的。

现在，尽管令人厌倦的事情没有减少，但我们可以计划做一些积极的活动，即那些能给你带来快乐的活动。例如，如果你愿意，你可以坐在花园里看书、外出访友或散步。有时，抑郁的人不善于在生活中安排这些活动，他们把全部的时间都用在痛苦的挣扎中，一想到房间还没打扫就跑出来，便会感到内疚。其实，我们需要积极的活动，否则，就会像不断支取银行的存款却不储蓄一样。快乐相当于你银行里的存款，哪怕你所从事的活动只能给你带来一丝的快乐，你都要告诉自己：我的存款又增加了。

抑郁病人的生活是机械而枯燥的。有时，这似乎是不可避免的。解决问题的关键，仍然是对厌倦进行诊断，然后逐步战胜它。

抑郁个体常感到与人隔绝、孤独、闭塞，这是社会与环境造成的。情绪低落是对枯燥乏味、缺乏刺激的生活的自然反应。

3. 往好的一面去想

许多抑郁症患者是真正的战士，他们很少能意识到自己的极限。有时，这与完美主义密切相关。专家喜欢用“燃尽”一词描述那些处于被挖空状态的个体。对一些人而言，“燃尽”是抑郁的导火索。无论是待在家里，还是忙于应付各种工作任务，你一定要记住：你与其他人一样，所能做的工作是有限的。

克里斯·托蒂便是一个战胜抑郁症的真正的战士。克里斯住在西雅图。他说道：“我从退役后不久，便开始做生意，我日夜辛勤工作，买卖做得很顺利。不久麻烦来了，我找不到某些材料和零件，眼看生意要做不下去了，因为忧虑过度，我由一个正常人变成愤世嫉俗者。我变得暴躁易怒，而且那时并没有觉察到，我几乎毁了原本快快乐乐的家庭。一天，一位年轻残废的退役军人告诉我：‘克里斯，你实在该感到惭愧，瞧你这副模样，好像是世界上唯一遭到麻烦的人。纵使你得关门一阵子，又怎么样呢？等事情恢复正常后再重新开始不就得了？你拥有许多值得感恩的东西，却只是埋怨生活而已。老天，我还希望能有你的好状况呢！看看我，人只有一只手，半边脸几乎被炮弹打掉，我却没抱怨什么。如果你再不停止吼叫和发牢骚，不仅会丢掉生意，还有健康、家庭和所有的朋友!'"

"这些话对我真是当头一棒。我终于体会到自己是何等富有。于是我改变了态度,回到了从前的自我。"

克里斯的朋友安妮·雪德丝在还没有懂得"为所有而喜,不为所无而忧"的道理前,正面临一场不幸。她那时住在亚利桑那州,下面是她讲述的遭遇:

"我的生活一向忙乱——在亚利桑那大学学钢琴,在镇上主持一家语言障碍诊所,同时还指导一个音乐欣赏班。我就住在绿柳农场里,我们在那里可以聚会、跳舞,在星光下骑马。可是,有天早上我因心脏病而倒下了。'你得躺在床上一年,要绝对地静养。'医师并没有保证说我还会不会像以前一样健壮。

"在床上躺一年,意味着我将要成为一个无用的人,或许我会死掉!我感到毛骨悚然。为什么这种事会发生在我身上?我做了什么竟会遭到这种惩罚?我又悲痛又感到忿恨不平,却还是照着医师的嘱咐躺在床上。邻居克拉拉先生是个行为艺术家,他告诉我:'你以为在床上躺一年是不幸?!其实不然。现在,你有了时间去思考,去认识自己,心灵上的增长将大大多于以往。'我平静下来,读些励志书籍,试着找出新的价值观。一天,收音机传出评论员的声音:'唯有心中想什么,才能做什么。'这种论调我以前不知听过多少次,这次却是深深闯入心坎里。我改变了主意,开始只注意自己需要的东西:欢乐、幸福、健康。我强迫自己每天一起床就为拥有的一切而赞美感谢:没有痛苦、可爱的女儿、健康的视力和听力、收音机里优美的音乐、有阅读的时光、丰富的食物、好朋友等。当医师准许我在特定时间内可以让亲友来访时,我是多么高兴啊!

"好几年过去了,现在,我的日子过得充实而有活力,这实在应该感谢躺在床上的一年。那是我在亚利桑那最有价值、最快乐的一年,因为我养成了每天清晨感谢赞美的习惯。惭愧的是，由于害怕死亡，才使我真正学习到如何过真正的生活。”

4. 不要太过自责

抑郁的时候，我们感到自己对消极事件负有极大的责任，因此，我们开始自责。这种现象的原因是复杂的，有时，自我责备是从家庭中学到的。在我们小时候当家里出现问题时，受到责备的常常是我们。因此，即使是受虐待的儿童都学会了责备自己——这当然是荒唐可笑的。遗憾的是，善于责备他人的成年人，常挑选那些最无辩驳能力的人做他们的责备对象。

阿格尼丝是一个很爱自责的人，她的妈妈常常责备她给自己的生活造成了痛苦，久而久之，阿格尼丝就接受了这种责备。每当亲密的人遇到困难时，她就开始责备自己。然而，当阿格尼丝寻找证据时，她发现，造成她妈妈生活不幸的原因很多，包括婚姻问题、经济拮据等。但阿格尼丝小时候无法认识到这么深刻，只能相信妈妈告诉她的话。

抑郁者的自责是彻头彻尾的。当不幸事件发生或冲突产生时，他们会认为这全是他们自己的错。这种现象被称作“过分的自我责备”，是指当我们没有过错，或仅有一点过错时，我们出现承担全部责任的倾向。然而，生活事件是各种情境的组合体。当我们抑郁的时候，跳出圈外，找出造成某一事件的所有可能的原因，会对我们有较大的帮助。我们应当学会考虑其他可能的解释，而不是仅仅责怪自己。

有时候，改变生活方式也可以帮你摆脱抑郁。当你感觉情绪不佳时，就要努力调整自己，最大程度地吸收新东西，你会发现自己的情绪也随之飞扬起来。

不为迎合别人而抹杀自己的个性

不能保持自己的本来面目，这是困扰很多人的一个问题。那么这些人为什么不能保持真我本色？追根究底，这是他们的虚荣心在作怪。因为他们太过于关心别人对自己的看法，为了得到更多人的支持，或者为了营造和谐的人际关系，再或者为了某一个目的，他们逐渐地丧失了自我，开始盲目地追随别人，并以别人的观点来看待问题和做事情。可以说，他们时刻活在别人的目光里，从来没有为自己活过。

老张一心一意想升官发财，可是从青春年少熬到斑斑白发，却还只是个小公务员。他为此极不快乐，每次想起来就掉泪。有一天下班了，他心情不好没有着急回家，想想自己毫无成就的一生，越发伤心，竟然在办公室里号啕大哭起来。

这让同样没有下班回家的一位同事小李慌了手脚。小李大学毕业，刚刚调到这里工作，人很热心。他见老张伤心的样子，觉得很奇怪，便问他到底为什么难过。

老张说："我怎么不难过？年轻的时候，我的上司爱好文学，我便学着做诗、写文章。想不到刚觉得有点儿小成绩了，却又换了一位爱好科学的上司，我赶紧又改学数学、研究物理，不料上司嫌我学历太低，不够老成，还是不重用我。后来换了现在这位上司，我自认文武兼备，人也老成了，谁知上司又喜欢青年才俊，我……我眼看年龄渐高，就要退休了，一事无成，怎么不难过？"

可见，没有自我的生活是苦不堪言的，没有自我的人生是索然无味的，丧失自我是悲哀的。要想拥有美好的生活，自己必须自强自立，拥有良好的生存能力。没有生存能力而又缺乏自信的人，肯定没有自我；

一个人若失去自我，就没有做人的尊严，就不能获得别人的尊重。

老张的做法不禁让我们想起了一个笑话：一个小贩弄了一大筐新鲜的葡萄在路边叫卖。他喊道："甜葡萄，葡萄不甜不要钱！"可是有一个孕妇刚好要买酸葡萄，结果没买就走掉了。小贩一想，忙改口喊道："卖酸葡萄，葡萄不酸不要钱！"可是任凭喊破嗓子，从他身边走过的情侣、学生、老人都不买他的葡萄，还说这人是不是有神经病啊，酸葡萄卖给谁吃啊！再后来，卖葡萄的就开始喊了："卖葡萄了，不酸不甜的葡萄！"

可见，活着应该是为了充实自己，而不是为了迎合别人的旨意。没有自我的人，总是考虑别人的看法，这是在为别人而活着，所以活得很累。就像上面故事中的老张，为了自己能够升官发财，不得不去迎合自己的领导，可是这恰恰使他失去了自己最宝贵的东西——真我本色。而在他不断地根据不同领导的口味调整自己做人与做事的"策略"的时候，时间飞快地流逝，同时他也真正失去了"升官发财"的机会，落得一事无成。

有一个人带了一些鸡蛋上市场贩卖，他在一张纸上写着：新鲜鸡蛋在此销售。

有一个人过来对他说："老兄，何必加'新鲜'两个字，难道你的鸡蛋不新鲜吗？"他想一想有道理，就把"新鲜"两个字涂掉了。

不久又有人对他说："为什么要加'在此'呢？你不在这里卖，还会去哪里卖？"他也觉得有道理，于是又把"在此"涂掉了。

一会儿，一个老太太过来对他说："'销售'二字是多余的，不是卖蛋难道会是白送的吗？"他又把"销售"涂掉了。

这时来了一人，对他说："你真是多此一举，大家一看就知道是鸡蛋，何必写上'鸡蛋'两个字呢？"

结果，他把所有的字都涂掉了。

你不必去考虑那个卖蛋人写的字是否合理，但你要记住，任何时候，做任何事情，都先要清楚地知道自己在做什么。他人的意见只能作为参考，而不能一味地为了迎合别人而改变自己的观点。

一个人的主见往往代表了一个人的个性；一个为了迎合别人而抹杀自己个性的人，就如同一只电灯泡里面的灯丝烧断了一样，再也没有发亮的机会。无论如何，你要保持自己的本色，坚持做你自己。

有一个女孩从小就很喜欢唱歌，梦想将来能成为一名歌唱家，并且为此苦练基本功，付出了艰苦的劳动。

然而，美中不足的是，她的牙齿长得凹凸不齐。她常常深感苦恼，不知如何是好，只得尽量掩饰。

一天，她在新泽西州的一家夜总会里演唱时，设法把上唇拉下来，盖住难看的牙齿。结果弄巧成拙，洋相百出。因为表演失败，她哭得很伤心。

这时候，台下的一位老太太走到她身旁，亲切地说："孩子，你是很有音乐天分的，我一直在注意你的演唱，知道你想掩饰的是自己的牙齿。其实，长了这样的牙齿不一定就是丑陋，听众欣赏的是你的歌声，而不是你的牙齿，他们需要的是真实。

"孩子，你尽可以张开你的嘴引吭高歌。如果听众看到连你自己都不在乎的话，好感便会油然而生。"老太太接着说，"那些自己想去遮掩的牙齿，或许还会给你带来好运，你相信不相信?"

从此以后，女孩再也不刻意去掩饰自己的牙齿，而是放下包袱，张大嘴巴尽情地高歌。正如那位老人所说的那样，她最后成为了美国著名的歌唱家，不少歌手都纷纷模仿她，学她的样子演唱。这个女孩就是凯丝·达莉。

不论好坏，你都必须保持本色，这才是最重要的。山姆·伍德是好莱坞最知名的导演之一。他说在他启发一些年轻的演员时，所碰到的最头痛的问题就是难于保持本色。他们都想做二流的拉娜·特纳，或者是三流的克拉克·盖博，却不想做一流的自己。“这一套观众已经受够了，”山姆·伍德说，“最安全的做法是，尽快丢开那些装腔作势的习惯。”

每个人都不可能完美无缺，每个人也不可能赢得所有人的喜欢；只有从内心接受自己，喜欢自己，坦然地展示真实的自己，才能拥有成功的人生。

不要让寻求他人的赞许成为一种必需

在每个人心底，都有那么一点儿虚荣心，都想得到别人的赞赏和认可。从表面上看，这似乎没有什么害处，也没有什么不对。但是如果一个人为了得到别人的赞赏和认可，不惜去做一些违心的事情，甚至不惜以牺牲自己的尊严为代价，这就不仅是满足一点儿虚荣心的问题了，而是虚荣心过度膨胀的表现。许多人行为的动力是为了得到别人的认可，这种心态是有百害而无一益的。

人在生活中必然会遇到大量的反对意见，这是正常现象，也是一种无法避免的现象，因为你不能要求所有人的思维和观点都和你保持一致，这就像你永远不会找到两片一模一样的树叶一样。

刘伟就是一个典型的过分需要赞许的人。他是一名记者，对于现代社会的各种重大问题都有着自己的一套见解，如计划生育、人工流产、南水北调、义务教育等等。他总是喜欢把自己的观点说给更多的人听，可是每当他的观点得不到赞同甚至受到嘲讽时，他便表现得十分沮丧和痛苦。为了让自己的每一句话和每一个行动都能被大家赞同，他花费了不少心思。

有一次，刘伟和一位朋友聊起无痛死亡的问题。他说他坚决反对无痛致死法，但是他发现他的朋友皱起眉头，表现出很不高兴的样子。为了不影响和气，他几乎本能地立即修正了自己的观点：“我刚才是说，一个神智清醒的人如果要求结束其生命，那么倒可以采取这种做法。”当他注意到朋友表示同意时，才稍稍松了一口气。

后来，他和自己的上司也无意中谈到了这个话题。这次他汲取上次的教训，说自己赞成无痛致死法，没想到却遭到上司强烈的训斥：“你怎么能这样说呢？这难道不是对生命的亵渎吗？”刘伟实在承受不了这种责备，便马上改变了自己的立场：“……我刚才的意思只不过是说，只有在极为特殊的情况下，如果经正式确认绝症患者在法律上已经死亡，那才可以截断他的输氧管。”最后，他的上司终于点头同意了他的看法，他才再一次摆脱了困境。

由此可见，一旦寻求赞许成为一种过于强烈的心理需要，做到实事求是几乎就是不可能的了。为迎合他人的观点与喜好而放弃自己内心真实的想法，慢慢地也就失去了自我价值。

希望博得他人的认可是一种无可厚非的心理，然而，人们在获得了一定的认可后总是希望获得更多的认可。于是，人的一生就常常会为寻求他人的认可而活在爱慕虚荣的牢笼里。事实上，这就流露了一种虚荣心理：你对我的看法，比我对自己的看法更重要。

毫无疑问，要在生活中有所作为，就必须消除过分需要得到赞许的心理！它是精神上的死胡同，不会给生活和工作带来任何益处。如果想获得个人的幸福，必须将这种过分依赖他人赞许的虚荣心，从生命中根除掉。

在我们的生活中，很多人千方百计、绞尽脑汁地去迎合别人的喜好，目的仅仅是换取别人的认同和赞赏，这是不可取的。所以，当我们沉浸在别人的掌声、喝彩声中的时候，一定要对自己此时此刻的幸福和快乐有一个清醒的认识，千万不要染上爱慕虚荣的毒瘾，沦为别人赞许的牺牲品。

不要以为自己各方面都比别人强

爱慕虚荣的人总是希望自己无论在哪方面都是最好的。为了维护自己的面子，他们常常故意夸大自己的能力，炫耀自己的长处。其实，这是一种自不量力的表现。别人在这一方面也许的确不如你，但是这不代表你方方面面都比别人强，也许在有些方面你与别人相差的还不仅仅是一段距离呢。

有位世界级的小提琴家在为人指导演奏时，从来都不说话。每当学生拉完一首曲子之后，他会亲自再将这首曲子演奏一遍，让学生们从聆听中学习拉琴技巧。他总是说："琴声是最好的教育。"

这位小提琴家每次收新学生时，通常都会要求学生当场表演一首曲子，算是给自己的见面礼，而他也可先听听学生的底子，再给予分级。这天，他收了一位新学生。琴音一起，每个人都听得目瞪口呆，因为这位学生表演得相当好，出神入化的琴音有若天籁。当学生演奏完毕，老师照例拿着琴上前，但是，这一次他却把琴放在肩上，久久不动。

最后，小提琴家把琴从肩上拿了下来，并深深地吸了一口气，接着满脸笑容地走下台。这个举动令所有人都感到诧异，没有人知道发生了什么事。小提琴家说："你们知道吗？这个孩子拉得太好了，我恐怕没有资格指导他。最起码在这首曲子上，我的表演将会是一种误导。"

霎时，雷鸣般的掌声响了起来：掌声送给学生，因为他超常的才华，但更是送给这位老师，因为他有宽阔的胸襟！试问：有几个人能有此胆量和胸怀?！何况这是一位小提琴家，而且面对着那么多的学生和家长，他能不顾及自己的面子，承认自己不如学生，其精神实在让人佩服!

很多时候，我们并不是没有掌握承认的技术，而是丧失了承认的勇气，因为我们怕承认了自己不如别人，就丢了面子。

有的人为了面子，不惜贬低别人，往自己脸上贴金；为了面子，惯于强词夺理，自我标榜。他们以为自己很了不起，以为别人都不如自己，以为承认自己不如别人就是丢面子。殊不知，有时候，谦虚一点，诚实一点，更能为自己赢得面子。

不要让赞美遮住了双眼

在生活中，被别人追捧、赞扬的时候，我们要考虑：如对方是因为爱，就会有偏袒；如是因为害怕，就会有不顾事实的讨好；如是因为有求于自己，便会有虚夸。所以，我们必须在一片赞扬声中保持足够清醒的头脑。

欧洲有位著名的女高音歌唱家，30 岁便已享誉全球，而且也已经有了美满的家庭。有一年，她到邻国开一场个人演唱会，这场音乐会的门票早在一年前就已经被抢购一空。

表演结束之后，歌唱家和她的丈夫、儿子从剧场里走了出来。只见堵在门口的歌迷们一下子全拥了上来，将他们团团围住，每个人都热烈地呼喊着歌唱家的名字，还不乏赞美与羡慕的话。

有人恭维歌唱家大学一毕业就开始走红了，而且年纪轻轻便进入国家级的歌剧院，成为剧院里最重要的演员；还有人恭维歌唱家，说她 25 岁时就被评为世界十大女高音歌唱家之一；也有人恭维歌唱家有个腰缠万贯的大公司老板做丈夫，而且还生了这么一个活泼可爱的小男孩……当人们议论的时候，歌唱家只是安静地聆听，没有任何回应与解答。

直到人们把话说完后，她才缓缓地开口说："首先，我要谢谢大家对我和我家人的赞美，我很开心能够与你们分享快乐。只是，我必须坦白地告诉大家，其实，你们只看到我们风光的一面，我们还有另外一些不为人知的地方。那就是，你们所夸奖的这个充满笑容的男孩，很不幸是个不会说话的哑巴。此外，他还有一个姐姐，是个需要长年关在家里的精神分裂症患者。"

歌唱家勇敢地说出这一席话，让当场所有的人震惊得说不出话来。大家你看看我，我看看你，似乎难以接受这个事实。

我们不能不为这位歌唱家的理智和清醒喝彩！有多少人曾经在一片赞扬声中，迷惑了双眼，最终导致了失败。最令人扼腕叹息的恐怕该是王安石笔下的仲永了。

金溪县有个叫方仲永的人，他家世世代代以种田为业。方仲永长到5岁时便能作诗，并且诗的文采和寓意都很精妙，值得玩味。县里的人对此感到很惊讶，慢慢地都把他的父亲高看一等，有的还拿钱给他们。他父亲认为这样有利可图，便每天拉着方仲永四处拜见县里有名望的人，让他表演作诗，却不抓紧孩子的学习。到最后，方仲永已与众人无异。他的聪明才智最终被完全捧杀了。

世界上许多伟大的人物都能够清醒地认识自己的成功；对待他人的赞美，他们谦虚理智，有的甚至还很反感别人对自己的赞扬。

在第二次世界大战中，丘吉尔对英伦之护卫有卓越功勋。战后在他退出政界时，英国国会拟通过提案，塑造一尊他的铜像置于公园，令众人景仰。一般人享此殊荣高兴还来不及，可丘吉尔却一口回绝。他说："多谢大家的好意，我怕鸟儿喜欢在我的铜像上拉粪，还是请免了吧。"

牛顿是杰出的学者、现代科学的奠基人：他发现了万有引力定律，建立了成为经典力学基础的牛顿运动定律，出版了《光学》一书，确定了冷却定律，创制了反射望远镜，还是微积分学的创始人……功绩显赫，光彩照人。可当听到朋友们赞扬他的时候，他却说："不要那么说。我不知道世人会怎么看我，不过我自己只觉得好像一个孩子在海边玩耍的时候，偶尔拾到几只光亮的贝壳。但关于大海的真正知识，我还没有发现呢。"

有这样谦逊好学、永不满足的精神，牛顿的成功是必然的。古今成大事业、大学问者，正是因为有了正确对待他人赞扬的态度和谦逊好学的精神，才达到人生的光辉顶点的。

一个人光有聪明是不够的

大人们在谈论孩子的时候，总是喜欢称赞别人的孩子说："你家的孩子真聪明。"聪明似乎就是对一个人的最高奖赏。其实，一个人光有聪明是不够的，还要有智慧和持续不断的行动力。聪明最多只能说明你在某一方面比别人有优势和天赋，但是这并不代表你一定会成功，因为聪明的人常常自以为比别人聪明，而忽视了勤奋好学和坚持不懈这些因素的作用。

约翰和杰克是相邻两家的孩子，年龄相仿，从小一起长大。约翰很聪明，学什么东西都是一点就明白，学习成绩名列前茅，是老师和父母的宠儿。约翰知道自己聪明，平时就显得很骄傲。而杰克的脑子就远不如约翰那么聪明了，他对知识的接受能力很慢，尽管平时很努力，但成绩总是只保持在中上等水平。

杰克有点儿自卑，但他的母亲总是鼓励他说："杰克，不要总是用别人的成绩来衡量自己。比赛开始时呼啸而过、跑在最前面的总是那些飞快奔驰的骏马，但经过长途跋涉后最终抵达目的地的，却往往是耐心与毅力化身的骆驼。”这给了杰克无限的动力，他更加勤奋学习了。

后来，杰克考上了一所重点大学，但是约翰却只进了一所普通大学，因为约翰总是认为自己很聪明，认为自己根本无需努力。杰克考上重点大学的事，并没有让约翰警醒，他认为，这个笨家伙即便读了好大学也不会有什么出息。

可是，事实并不像约翰预想的那样，恰恰相反，杰克由于勤奋好学，在大学里取得了优异的成绩，毕业后就进了一家著名的大型企业，在那里干了8年，其间成绩优异。后来辞职，开了自己的公司。而约翰呢，一直认为自己聪明，所以什么事都不肯努力去做。大学毕业找工作，他总认为那些公司不肯重用自己，真是对自己聪明才智的亵渎。所以，他频繁地跳槽，最终仍然是成绩平平，没能成就任何一件大事。约翰看着比自己笨的杰克竟然能够事业有成，心里很是不平衡，以致郁郁而终。他的灵魂飞到了天堂后，质问上帝：“我的聪明才智远远超过杰克，我应该比他更有成就，应该是我成为这人间的卓越者啊，可是为什么是他呢?”

上帝笑了笑说：“可怜的人啊，难道你到了现在还不明白吗？我把每个人送到尘世间，每个人都背着一个竹篓，竹篓里都放了同样的东西，包括聪明。只不过我把你的竹篓放在了你的胸前，你因为既能看到、又能触摸到自己的聪明而沾沾自喜，没想到这却误了你的终生！而杰克的竹篓是背在背上的，他看不到自己的聪明，却能认识到自己的缺陷，努力弥补自己的不足，发扬自己的特长，从各个方面不断充实着自己，一点点地超越着自我。所以，他一生都在不自觉地迈步向上、向前，最终成就了非凡的业绩!”

人是上帝疲劳、偷懒时创造的。因此，每个人都不是完美无缺的，总是会有这样或那样的缺点和短处。当你看到自己比别人聪明的时候，你还要意识到别人也会在一些地方超过自己。所谓“聪明者修检自己,愚蠢者修检别人”的哲理就在于此。

一个人光有聪明是不够的。如果你总盯着自己的长处沾沾自喜,就会忽视自己的弱点,最后在激烈的竞争中输给别人。

上帝真的是公正的:当他给了你聪明,必定拿走你的毅力;当他让你智力平平时,必将用毅力来弥补。所以,人生在世,每个人都有自己独特的禀性和天赋,每个人都有自己独特的实现人生价值的切入点。只要你按照自己的禀赋发展自己,避开或者弥补自己的不足,发扬或者加强自己的优势,不断地摆脱心灵的羁绊,你就不会湮没在他人的光辉里,而是让自己的太阳更加灿烂夺目。

人的一生,最大的敌人不是别人,而是我们自己。只有超越自我,才能懂得怎样去衡量别人的价值;只有超越自我,才明白如何接纳自己以外的一切;只有超越自我,才能使自己的一生更加丰富多彩;只有超越自我,才能展望到生命的全貌,绘画出人生灿烂的轨道。

给自己一个波澜不惊的平静心态

人们面对着现实世界,会遇到太多令我们心境不宁的事情。

每天,当我们打开电视和报纸,都会看到许多令人不安的新闻:欧洲又发现了一例“疯牛病”,你情不自禁地会想:我今天吃的牛肉汉堡可别有“疯牛病”……股市又下跌了,你开始担心自己买的股票……美国发生了校园枪击事件,你在震惊之余,又为你在美国留学的孩子揪起了心……医生说,坐便马桶不卫生,会传染性病,你又忽然紧张起来,因为你白天开会时刚刚使用了楼里的公共卫生间……

在家中、在单位,甚至走在大街上,你也会遇到许多烦心的事儿:

孩子功课不好，又不用功；单位领导莫名其妙地冲你发火，为一件微不足道的小事足足批评了你一个小时；在路上，一个人嫌你挡了他的道，骂骂咧咧没个完……

那么，该如何办呢？保持心情的宁静。只要稍微静下心来，你眼前的一切就会是完全不同的情形。

让我们试着用平和宁静的心情来看待那些曾让我们心烦意乱的外界干扰。

世界就是这样。每天都会有很多坏消息、坏事报道出来了，说明人们已经有了警觉。如果自己无力改变，相信会有人去改变，自己以后当心一点儿就是了；孩子让你操心，但最终要靠他自己努力，你尽到责任就可以了，不必为此而闹心；领导可能是有烦心事儿，不过是拿你当出气筒而已，不要太在意，受点儿委屈也就过去了；路上遇到的那个人是很无礼，但你现在早已脱离了那人，忘了那人吧，那人早已走了，你还在为他而生气，不是继续替那人折磨自己吗……

庄子说："至人无己。"

"无己"即破除自我中心，亦即扬弃功名束缚的小我，而达到与天地精神往来的境界。

从这里可以看出，庄子所主张的超脱，实际上是摆脱了一切之后的无知无欲，表现在人生理想上，那就是"无名"，即独与天地相往来的独善其身。

对于生活在现实中的我们而言，庄子对天地精神的崇拜，固然是显得玄虚了一些，但针对构成我们世界的纯利益追求以至于忘却了自己的人来说，庄子的宏论和超脱还是具有一定借鉴意义的。

任何人都不能做到如庄子所言的无知无欲而达到超脱，但效法天地之自然浑成，注意自我心性的保持，能够超然物质欲求之外，也许倒亦是颇为有益的境界。

关于此，庄子曾在“逍遥游”中讲了这样的寓言：

尧把天下让给许由，说：“日月都出来了，而烛火还不熄灭，要和日月比光，不是很难为吗？先生若在位，天下便可安定，而我还占着这个位，自己觉得很羞愧，请容我把天下让给你。”

许由说：“你治理天下，已经很安定了。而我还来代替你，要为着名吗？是为着求地位吗？小鸟在深林里筑巢，所需不过一枝，鼹鼠到河里饮水，所需不过满腹。你请回吧，我要天下做什么呢？”

这则寓言是说：天地之间广大无比，而在此之中，人之所需又是如此地渺小，拿自己的所需与天地相比那不是很可怜吗？那么何不效法天地之自然，而求得心性的自由和逍遥呢？

庄子要给予我们的也许是一种极宏远的宇宙观，让人认识到至广至大的极限处，解脱自我的封闭，超越世俗的小我。庄子的这种宇宙观，难道不是一种智慧的体现吗？

作为生命的个体，我们是淹没在万象的生命之中的。但正是作为个体，我们才时常能真切地感受到生命的世界所能具有的伟大和恢宏。

只要你觉得自己是一个值得一活的人，人生的危机就不会妨碍你去过充实的生活。如此，就会有一种安全感油然而生，取代焦虑不安，而你也就可以快快乐乐地活下去，把不安之感减低到最低限度。有了这种“安全感”，也就自然会有心灵的平和宁静。

要保持宁静的心态，可以在遇到烦心的事儿时有意识地改变一下想法。比如在乘公共汽车时碰到交通堵塞，一般人会焦躁不安，但你可以想：“这正好使自己有机会看看街道，换换脑子。”如果朋友失约没来找你玩，你也不必心生烦闷，你可以想：“不来也没关系，正好自己看看书。”这样转换想法，就可以使烦躁的心境变得平和起来。

第九章　靠细节提高你的沟通能力

在人际交往中，良好的沟通能力能体现一个人的魅力，真实、真情和真诚的态度是善于沟通者的法宝。只要在沟通中善于用细节给自己的魅力加分，就能打动人、感染人，才能获得他人的信任，才能获得真诚的朋友，才能取得事业的成功。

与人交谈时别犯禁忌

交谈中的禁忌大多体现在细微之处，因此常容易被人忽视，结果你莫名其妙地就把对方惹得不高兴。为了避免这种情况发生，你必须检讨自己，让自己在与人交谈时不再犯忌。

1. 不要总是自吹自擂

有些人总喜欢胡乱地吹嘘自己。这种人的口才或许真的很好，但只会令人厌恶而已。

这样的人并非是直率的人，就连一件简单的事他都要咬文嚼字地卖弄一番，看起来好像很精于大道理的样子，说穿了只是强烈的自我表现欲所产生的虚荣心在作祟。

以简单明了的词汇来发表言论，必须先充实实际内容，再以简单而贴切的词汇表达出来。若非具有这种功力，就无法具备以简单明了的词汇来表现的实力，这其实远比稍具难度的辩论更困难。

有些人乍看之下很平凡且没有可贵之处，但别人只要经过与他认真地交谈之后，就能够很深刻地被其内在的思想所感染，这种人所使用的词汇往往最简单明了。

朋友关系必须建立在真诚之上，花哨不实的言论只适合逢场作戏。朋友是靠互相感动、吸引，而不是硬性地逼迫对方接受自己的意见。为了强硬地使对方接受自己的意见，运用一些偏僻冷门的词汇，来表现自己的程度高人一等，这在对方看来，只觉得和你格格不入而无法接受你的看法。

朋友必须是彼此真心真意地了解，以建立一种“心有灵犀一点通”的沟通方式为目的。彼此要在交往中培养相知相惜的情谊。

2. 不要不懂装懂

社会上一知半解的人一多，就容易促生一股装腔作势之风。如果凡事都一无所知，心里便容易产生唯恐落于人后的压迫感，这也是人们常见的心态。在绝不服输或“输人不输阵”的好胜心作祟下，随时都想找机会扳回面子。

有位不具规模的小杂志社社长 N 先生，不管是什么场合他总喜欢装腔作势，故意降低自己的声调来表现庄重的样子。不但如此，他还总是一副无所不知的样子，这种姿态让人觉得他好像在做自我宣传。

然而不论他再怎么装腔作势，夹着再多的暗示性话语或用英语来发表高见，还是得不到他人的认同。而这位仁兄所出版的杂志，也永远上不了台面。

他所出版的刊物总是被人批评为现学现卖、肤浅，这是因为他对任何事都喜欢评断。当他一开口说话，旁边的人就说：“天啊！又要开始了。”然后便只好咬着牙、万分痛苦地忍着听他说话。这和说大话、吹牛并无不同。自己本来没有高人一等的智慧，却装出一副什么都知道的样子，这样会让人看作是虚张声势的伪君子。

在朋友中最令人敬而远之的，就是这种一点儿也不可爱的人。

承认自己有不知道的事并不丢人；为了要自抬身价而不懂装懂，一旦被对方看穿，反而会令对方产生不信任感而不愿与你交往。

“闻道有先后，术业有专攻。”每个人都有自己的专长，不可能每件事都很精通。

愈是爱表现的人，愈是无法精通每件事。交朋友应该是互相取长补短，别人有比自己专精的地方就不耻下问。即使是自己很精通的事，也要以很谦虚的态度来展现实力，这样才能说服他人。

所谓很谦虚的态度，是指对于自己精通的事物，不妨表示一下自己的意见，只是说话技巧要高明。

现代社会可以说是一个高度复杂的信息时代，每个人所吸收的知识都不可能包含万事万物。若不以虚心的态度与人交往，如何能够受到大家的欢迎？凡事都自以为是的人，必然得不到大家的尊敬。

不论是不懂装懂或是真的无知，都同样有碍交际范围的扩展。

3. 切记避免随意附和别人

每个人讲话都有其独特的方式，无论是讲话的语言还是手势，都具有个人色彩。例如美国人最擅长以夸大的动作，表现自己内心感受的极限；欧洲人和东方人则比较含蓄、内敛，不轻易把自己内心的感受一五一十地表现于外。但也不能一概而论。社交活动和说话一样，需要借助情感的大力支援，也就是必须集中情感来表达才能打动人心。人并不是机器人，说话一定会有抑扬顿挫。

会话必须要加入自己的意见才能成立。有的人总是习惯于附和别人说的话，但这种没有自己思想的附和语词，并不能表现出个人的独立人格与意见。

许多人在交谈时有“我同意……但是我认为……”的习惯用语。其实在与朋友交谈中，朋友想要听的是你个人的看法，而不只是要你附和地回答“是的”。要让自己成为更独特的人，就必须与一般人有所区别，尽量地表现出自己独特的看法。

4. 不要使用质问或批评的语气

用质问式的语气来谈话，是最易伤感情的。许多夫妻不睦，兄弟失和，同事反目，都是由于一方喜欢以质问式的态度来与对方谈话所致。除遇到辩论的场面，质问是大可不必的。如果你觉得对方的意见不对，你不妨立刻把你的意见说出，何必一定要先来个质问使对方难堪呢？有些人爱用质问的语气来纠正别人的错误，这足以破坏双方的情感。被质问的人往往会被弄得不知所措，自尊心受到大大的打击。尊重别人，这一点是谈话艺术必需的条件；把对方为难一下，图一时之快，于人于己皆无好处。你若不想别人损害你的尊严，你就不可损伤别人的自尊心。

对方谈话中的不妥当部分固然需要加以指正，但妥当部分也须加以显著的赞扬，这样对方因你的公平而易于心悦诚服。改变对方的主张时，最好能设法把自己的意思暗暗传达给他，使他觉得是他自己修正的，而不是由于你的批评。对于那些无可挽救的过失，站在朋友的立场，你应当给予恳切的指正，而不是严厉的责问，使他知过而改。纠正对方时，最好用请教式的语气，用命令的口吻则效果不好。要注意保全或激励对方的自尊心。

这几种毛病虽小，但如果不加以注意，就会影响我们的谈话效果。因此，你应该对照反省一下自己，有则改之，无则加勉。

自以为是害处多

说话时千万不要太自以为是。这个小毛病会让你成为最不受欢迎的人，没有任何人会喜欢别人总跟自己针锋相对。

自以为是的人总喜欢反驳别人的观点，与人争论，并且一定要在争论中占上风。其实，即使你真的比别人见识多，也不应该以这种态度去和别人说话。这样做，你简直不为对方留一点儿余地，好像要把他逼得无路可走才心满意足。相信你并没有想到这一层，但实际上你却是这样做的。这个不起眼的小毛病使你自绝于朋友和同事，没有人愿意给你提意见或建议，更不敢向你提任何忠告。你本来是一个很好的人，但因为总是自以为是，朋友、同事们都远离你而去了。改善的唯一方法是养成尊重别人、不和人争论的习惯。首先你要明白，在日常谈论当中，你的意见未必是正确的，而别人的意见也未必就是错的。把双方的意见综合起来，你至多有一半是对的。那么，你为什么每次都要反驳别人呢？大概有这种坏习惯的人当中，聪明者居多，或者是些自作聪明的人。也许他太热心，想从自己的思想中提出更高超的见解。他以为这样可以使人敬佩自己，但事实上完全错了：一些平凡的事情，是没有必要费心做高深的研究的。至少我们平常谈话的目的，是消遣多于研究吧？既然不是在研究讨论问题，又何必在一些琐碎的事情上固执己见呢？另外有一点你也应该注意，那就是在轻松的谈话中不可太认真了。

别人和你谈话，他根本没有准备请你说教，大家只是说说笑笑罢了。你若要自作聪明，拿出更高超的见解（即使确是高超的见解），对方也绝不会乐意接受的。所以，你不可以随时显出像要教训别人的神气。

当你的同事向你提出建议时，你若不能立刻表示赞同，但起码要表示可以考虑，不可马上反驳；假如你的朋友和你谈天，那你更应注意，太多的执拗能把有趣的生活变得枯燥乏味。

如果别人真的犯了错误，而又不肯接受批评或劝告时，你也不要急于求成。不妨往后退一步，把时间延长一些，隔几天再谈，否则不但不能解决问题，反而会伤害感情。

因此，你千万要谦虚一些，随时考虑别人的意见，不要做一个固执的人，而应让人们都觉得你是一个可以交谈的人。

那么，怎样做才能避免自己自以为是地与人争论呢？如果要做到既不必随声附和别人的意见，又避免和别人争论，注意以下细节问题可能会对你有所帮助。

1. 尽量了解别人的观点

在许多场合，争论的发生多半由于大家只看重自己这方面的理由，而对别人的看法没有好好地去研究、去了解。如果我们能够从对方的立脚点去看事情，尝试着去了解对方的观点，认识到为什么他会这样说、这样想，这样一来，一方面可以使我们自己看事情的时候会比较全面，另一方面也可以看到对方的看法也有他的理由。即使你仍然不同意他的看法，但也不至于完全抹杀他的理由，自己的态度也可以客观一点，自己的主张也可以公允一点，发生争论的可能性就会比较少了。

同时，如果你能把握住对方的观点，并用它来说明你的意见，那么，对方就容易接受得多，而你对其观点的批评也会中肯得多。而且，他一旦知道你肯细心地体会他的真意，他对你的印象就会比较好，他也会尝试着去了解你的看法。

2. 对于对方的言论中你所同意的部分，应尽量先加以肯定，并且向对方明确地表示出来

一般人常犯的错误就是过分强调双方观点的差异，而忽视了可以相通之处。所以，我们常常看到双方为了一个枝节上的小差别争论得非常激烈，好像彼此的主张没有丝毫相同之处似的。这实在是一件不智之举，不但浪费许多宝贵的精力与时间，而且使双方更难沟通，更难得到一致的或相近的结论。

解决的办法是，先强调双方观点相同或近似的地方，在此基础上，再进一步去求同存异。我们的目的是在交谈中使双方的观点更接近，双方的了解更深。

即使你所同意的仅是对方言论中的一部分或一小部分，只要你肯坦

诚地指出，也会因此而营造比较融洽的交谈气氛，而这种气氛，是能够帮助交谈发展、增进双方的了解的。

3. 当双方发生意见分歧时，你要尽量保持冷静

通常，争论多半是由双方共同引起的，你一言我一语，互相刺激，互相影响，结果就火气越来越大，情绪激动，头脑也不清醒了。如果有一方能够始终保持清醒的头脑和平静的情绪，那么就不至于争吵起来。

但也有的时候，你会遇见一些非常喜欢跟别人争论的人，尤其是他们蛮横的态度和无理的言词常常使一个脾气很好的人都会失去忍耐。在这个时候，如果你仍然能够不慌不忙，不急不躁，不气不恼，将会使你能够跟那些最不容易合作的人好好地进行有益的交谈。

4. 永远准备承认自己的错误

坚持错误是容易引起争论的原因之一。只要有一方在发现自己的错误时立即加以承认，那么任何争论都容易解决，而大家在一起互相讨论，也将是一桩非常令人愉快的事情。在我们谈话的时候，我们不能对别人要求太高，但却不妨以身作则，发现自己有错误的时候，就立刻爽快地加以承认。这种行为，这种风度，不但给予别人很好的印象，而且还会促进谈话与讨论向前跨进一大步，使双方在一种愉快的氛围之中交换意见与研究问题。

5. 不要直接指出别人的错误

长辈们常常规劝我们不要指出别人的错误，说这样做会得罪人，是非常不明智的。然而，如果在讨论问题的时候，不去把别人的错误指出来，岂不是使交谈变成一种虚伪做作的行为了吗？那么，意见的讨论，思想的交流，岂不是都成为根本没有必要的行为了吗？

然而，指出别人的错误的确是一件困难的事，不但会打击他的自尊心和自信心，而且还会妨碍交谈的进行，影响双方的友情。

那么，究竟有没有两全之策呢？

你可以尝试用以下的方法:

不必直接指出对方的错误,却要设法使对方发现自己的错误。

在日常生活中大家交谈的时候,并不是每一个人都能够始终保持清醒的头脑和平静的情绪,有许多人都有一种感情用事的毛病。即使是那些自己很愿意跟别人心平气和地讨论问题的人,有时也不免受自己的情绪支配,在自己的思考与推论中掺进一些不合理的成分。如果你把这些成分直截了当地指出来,往往使对方的思想一时转不过来,或是情绪上受了影响而感到懊恼异常,或者引起他恶意的反攻,或者使他尽力维护他的弱点,这都是对交谈的进行十分不利的。

但如果在发现对方推论错误的时候,把交谈的速度放慢,用一种商讨的、温和的语调陈述自己的看法,使他能够发现你的推论更有道理。在这种情形下,他也就比较容易改变他的看法了。

很多人都有这种认识:一个人免不了会看错事情,想错事情。假使他们能够自己发觉错误所在,他们就会自动地加以纠正。但是如果被人不客气地当众指出来,他们就要尽力去掩饰,尽力去否认,尽力去争执。因此,为了避免使他们情绪激动,我们就不宜直接批评他的错误,不必逼他当着众人的面说“我错了”或者“我全错了”。有的人一看到别人犯了一点儿错误,就要死盯住它不放,还加以宣扬,自鸣得意地让对方为难,这是一种幼稚的举动,是一种幸灾乐祸的态度,不是一种对人友好、与人为善的做法。

小毛病也会引起大矛盾。交谈是为了促进了解,增进友谊,但自以为是的争论与指责却会伤害对方的感情,因此我们一定要尽力避免这种情况发生。

玩笑不能随便开

在社会交往中，开个玩笑可以放松大脑、活跃气氛，创造出一个适于交际的轻松愉快的氛围。玩笑事虽小，但如果开得不得体，那么就有可能伤害感情、引起纠纷。

一家出版社里的一位男士新婚不久，大概是心情愉快、生活稳定吧，人渐渐胖起来。

有一天，一位女同事的先生来到出版社，他和那位日渐发胖的男士是旧识。大家聊了一会儿，女同事的丈夫突然对新婚的男士说："你怎么搞的？胖成这个样子，满脸横肉，改杀猪了？"大家听了笑了起来。

那位男士一时变了脸色，一句不吭；等笑他胖的那人走了，他才发作开来。

好朋友彼此间开玩笑，有点儿过但无伤大雅就可以了，但那女同事先生的用词的确太损了些，难怪人受不了。后来呢？被笑他胖的那位同事和笑人胖的那位先生再也没有来往过。

生活中，由一个玩笑造成的悲剧实在是太多了，皆因玩笑伤害了自尊。

所以，开玩笑、损人应有分寸，否则伤害人、得罪人而不自知，那才得不偿失。

当然，开玩笑过火是避免不了的，但也不能因为如此就拒绝玩笑，整天一本正经，因为这样反而会拉远你和别人之间的距离。但要开玩笑之前，应认识到，再豁达随和的人也有自尊心，他也许可以不在乎一百次、一千次的玩笑和嘲弄，但不能忍受他在乎的人或事被开玩笑、嘲弄。你若搞不清楚他的好恶，开了不得体的玩笑，他就算当场不发作，也会记在心里。人不可能完全了解另一个人，这点你必须承认，更何况有人天生敏感，容易受伤，你认为有趣的，他不认为有趣。也就是说，开玩笑要看人。

喜欢开玩笑或嘲弄别人的人常不知不觉就过了头，因此，开玩笑之前应三思，以免出口成刀，伤害他人。

为了避免引起不必要的麻烦，开玩笑时一定要注意以下细节：

1. 内容要高雅

笑料的内容取决于开玩笑者的思想情趣与文化修养。内容健康、格调高雅的笑料，不仅给对方以启迪和精神的享受，也是对自己美好形象的塑造。

2. 态度要友善

与人为善是开玩笑的首要原则。开玩笑的过程，是情感互相交流传递的过程，如果借着开玩笑对别人冷嘲热讽，发泄内心厌恶、不满的情绪，那么除非是傻瓜才识不破。也许有些人不如你口齿伶俐，表面上你占到上风，但别人会认为你不尊重他人，从而不愿与你交往。

3. 行为要适度

开玩笑除了可借助语言外，有时也可以通过行为动作来逗别人发笑，但玩笑千万不能过度。

4. 要区别对象

同样一个玩笑，能对甲开，不一定能对乙开。人的身份、性格、心情不同，对玩笑的承受能力也不同。

一般来说，后辈不宜同前辈开玩笑；下级不宜同上级开玩笑；男性不宜同女性开玩笑。在同辈人之间开玩笑，则要掌握对方的性格。

对方性格外向，能宽容忍耐，玩笑稍微大点儿也能得到谅解。对方性格内向，喜欢琢磨言外之意，开玩笑就应慎重。对方尽管平时生性开朗，但恰好碰上不愉快或伤心事，就不能随便与之开玩笑。相反，对方性格内向，但恰好喜事临门，此时与他开玩笑，效果会出乎意料地好。

总之，开玩笑一定要把握分寸，因人、因事、因地而异，只有既得体又诙谐的玩笑才能受到人们的欢迎和喜爱。

与陌生人交谈时应注意的细节

在生活中、工作中我们常常要跟陌生人打交道，与陌生人打交道的能力是一个人交际水平的体现。而要想迅速拉近与陌生人的距离，就要从细节入手。

当你走进陌生人的住所时，你可凭借你的观察力，看看墙上挂的是什么。书法、摄影作品、乐器……都可以从中推断主人的兴趣所在，甚至室内某些物品会牵引起一段故事。如果你把它当做一个线索，不就可以由浅入深地了解主人心灵的某个侧面吗？当你获得一些线索后，就不难找到合适的开场白。

如果你不是要见一个陌生人，而是要参加一个充满陌生人的聚会，观察也是必不可少的。你不妨先坐在一旁，耳听眼看，根据了解的情况，决定你可以接近的对象。一旦选定，不妨走上前去向他作自我介绍，特别是对那些同你一样、在聚会中没有熟人的陌生者，你的主动行为是会受到欢迎的。

应当注意的是，有些人你虽然不喜欢，但必须学会与他们谈话。当然，人都有以自我兴趣为中心的习惯，如果你对自己所不感兴趣的人不瞥一眼，一句话都不说，恐怕也不是件好事。你可能被人看作是傲慢，甚至有些人会把这种冷落当做是对他的侮辱，从而与你产生隔阂。和自己不喜欢的人谈话时，第一要有礼貌；第二不要谈论有关双方私人的事，这是为了使双方自然地保持适当的距离；一旦你愿意和他结交，就要一步一步设法缩小这种距离，使双方容易接近。

在你决定和某个陌生人谈话时，不妨先介绍一下自己，给对方一个接近的线索。你不一定先介绍自己的姓名，因为这样人家可能会感到唐突。不妨先说说自己的工作单位，也可问问对方的工作单位。一般情况下，你先说说自己的情况，人家也会相应地告诉你他的有关情况。

接着，你可以问一些有关他本人的而又不属于秘密的问题。若对方年龄大，你可以问他子女在哪里读书，也可以问问对方单位一般的业务情况。当对方谈了之后，你也应该顺便谈谈自己的相应情况，才能达到交流的目的。

和陌生人谈话不比对老朋友谈话，应更加留心对方的谈话内容，因为你对他的所知有限，也更应当重视已经得到的任何线索。此外，他的声调、眼神和回答问题的方式，都可以揣摩一下，以决定下一步是否能深入交往。

现将与陌生人交谈时需要注意的细节总结如下：

1. 不要随便否定对方的观点

初次见面是建立良好人际关系的重要时期。在这种场合，对方往往不能冷静地听取意见、建议并加以判断，而且容易产生反感。同时，初次见面的对象有时也会反对他人提出的细微问题来否定其观点。因此，初次见面应当尽量避免有否定对方观点的行为出现，这样才能营造和谐的人际关系。

2. 注意审视自己的表情

人心灵深处的想法都会形诸于外，在表情上显露无遗。一般人在到达约会场所时，往往只检查领带正不正、头发乱不乱等问题，却忽略了表情的重要性。如想留给初次见面的人一个好印象，不妨照照镜子，仔细地检查一下自己的脸部表情是否和平常不一样，如果过分紧张的话，最好先对着镜中的自己傻笑一番。

3. 注意把握时间

在初次见面的场合中，如果有一方想结束话题，往往会有看手表等对方不易察觉的无意识动作。因此，当你看到交谈的对方突然焦躁地看着手表，或者望着天空询问现在的时刻，就应该尽早结束话题，让对方明白你不是一个毫无头脑的人，你清楚并尊重他的想法，这必能留给对方一个美好的印象。

4. 坐在对方的身边

面对面地与陌生人谈话确实很紧张，如果坐在对方的身边，自然会比较自在，既不用一直凝视对方，也消除了不必要的紧张感，而且会很快亲近起来。

5. 尽量接近对方的身体

每个人都会在自己的身体周围设定一个势力范围，一般只允许特别亲密的人“侵入”。如果你“侵入”了，就会产生与对方有亲密人际关系的错觉。比如，推销员往往一边说话一边若无其事地移动位置，直到坐在客户的身旁，使其顿生好感。因此，若想早日建立起亲密的关系，就必须找机会去接近对方的势力范围。

6. 以笑声接近对方

做个忠实的听众，适时地表达愉快的情绪，可以使对方摈弃陌生感、紧张感，从而发现自己的长处。尤其要发挥笑的作用，即使对方说的笑话并不很好笑，也应以笑声支援，产生的效果或许会令你大吃一惊，因为双方同时笑起来，会无形之中产生亲密友人一样的气氛。

7. 找出与对方的共同点以引起共鸣

任何人都有这样一种心理特征，比如，同一故乡或同一母校的人，往往不知不觉地因同伴意识、同族意识而亲密地连结在一起，同乡会、校友会的产生正是如此。若是女性，也常因血型、爱好相同而产生共鸣。

8. 先征求对方的意见

不论做任何事情，事先征求对方的意见，都是尊重对方的行为。在处理某一件事中，身份最高的人握有当时的选择权，将选择权让给对方，也就是尊重对方。而且，不论是谁，都希望得到他人的尊重，绝不会因此不高兴或不耐烦。

9. 记住对方的重要纪念日

当你得知对方的结婚纪念日、生日时，要一一记下来，到了那天，打电话以示祝贺。虽然只是一个电话，给予对方的印象却很深刻。尤其是本人都常忘记的纪念日，一旦由他人提起，心中的喜悦是难以形容的。

10. 有“礼”走遍天下

馈赠礼物时，与其选择对方喜欢的礼物，倒不如选择其家人喜欢的礼物。哪怕是一件小小的礼物给对方的妻子，她对你的态度都会改变，而收到礼物的孩子们更会把你当成亲密的朋友，你将得到全家人对你的欢迎。

11. 亲切地直呼对方的名字

我们都习惯在比较亲密的人之间才直呼其名。连名带姓地呼叫对方，表示不想与他人太过亲密的心理，所以，直呼对方的名字，可以缩短心理的距离，获得意想不到的效果。

总之，与陌生人交谈其实并不可怕，你大可不必表现得太拘谨。只要你把握细节，大胆行动，就能迅速把陌生人变成好朋友。

赞美也要讲方法

赞美别人也要注意细节问题，干巴巴或是不着边际的赞美只会惹人生厌。

在人类的天性中，有一点是共同的，那就是得到别人的喜欢和赞美。因此，如果你能在生活中恰到好处地赞扬别人，那么你就会得到他人的喜欢。

要想用赞美打动对方的心，你还需要注意一些细节问题：

1. 赞美要细致入微

在日常交往中经常可听到这样的赞美辞：“你这个人真不错”、“你这篇文章写得真好”等等。究竟好在哪些方面？好到什么程度？好的原因又何在，不得而知。这种赞美语显得很空洞，别人以为你不过是在客气，在敷衍。

所以，赞美别人应尽可能做到热诚具体、深入细致。比如赞扬一个人穿的衣服漂亮，你不妨说：“这件衣服穿在你身上很合身，颜色漂亮，人显得精神多了。”美国社会心理学家海伦·H. 克林纳德认为，正确的赞美方法是把赞美的内容具体化，其中需要明确3个基本因素：你喜欢的具体行为；这种行为对你的帮助；你对这种帮助的结果有良好的感受。有了这3个基本因素，赞美人才不至于显得笼统空泛，才能使人产生深刻的印象。

2. 赞美要与众不同

在称赞别人的时候，要明白无误地告诉他，是什么使你对他印象深刻。你的赞赏越是与众不同，就会越清楚地让对方知道你曾尽力深入地了解他，并且清楚地知道自己现在有此表达的愿望。

称赞对方具备某种你所欣赏的个性时，你可以列举事例为证。比如，他提过的某个建议或采取过的某一行动：“对您那次的果断决定，我还记忆犹新呢。这个决定使您的利润额上升了不少吧？”

应尽量点明你赞赏他的理由。不仅要赞赏，还要让对方知道为什么要赞赏他：“当时您是唯一准确地预料到这一点的人。”

数据能使你的赞赏更加确实可信：“有一回我算了一下，用您的方法可以节省多少时间，结果是……”

如果可能，不妨有选择地给你的一些客户或合作伙伴书面致函，表示你对他们的欣赏。只要你有充足的理由，完全可以把你的赞美之词写下来。书面赞赏的效果往往非常好。如果你的文笔既有深度又与众不同，对方会百读不厌。

3. 赞美要恰如其分

请注意，你的赞赏要恰如其分。不要借一件不足挂齿的小事赞不绝口，大肆发挥，也别抓住一个细枝末节便夸张地大唱颂歌。这样显得太过牵强和虚假。

你的用词不可过分渲染夸张，不要动辄言“最”。当对方用5升装的大瓶为你斟酒时，你可别故意讨好地说:“这真是最好的葡萄酒!”

别让对方觉得你对他的称赞是例行公事。你当然应该比现在更经常地对你的伙伴表示赞赏，但可别在每次谈话时都重复一遍，特别是在对方与你经常见面的情况下更要牢记这一条。最重要的一点是，不要每次都用同样的话来称赞对方。

4. 赞美要因人而异

即使是因为相同的事由，你也不应以同样的方式来称赞所有的人。不要去找在任何时间、场合下对任何人都适用的“赞赏万金油”，它是不存在的。避免给对方留下“这人对谁都讲那么一套”的坏印象。

在很多人的聚会中，你千万不要搬出前不久刚称赞过其中某一位的话，再次恭维其他人。还是仔细想一想，这个人与他人相比，到底有何突出之处。这样就能因人制宜、恰到好处地赞扬别人。

5. 赞美要把握机会

不要突然没头没脑地就大放颂辞。你对对方的赞赏应该与你们眼下所谈的话题有所联系。请留意你在何时以什么事为引子开始称赞对方。对方提及的一个话题，他讲述的一个经历，也可能是他列举的某个数字，或是他向你解释的一种结果，都可以用来作为引子。

如果他没有给你这样的机会，你就自己“谱”一段合适的“赞赏前奏”，使对方不会感觉这赞扬来得太突然。不妨用一句谦恭有礼的话来开头：“恕我冒昧，我想告诉您……”、“我常常在想，我是不是可以说说我对您的一些看法……”

这种“前奏”还有两大功用：一是唤起听话者的注意力，二是使你的称赞显得更加恳切诚挚。

6. 赞美要讲究方式方法

重要的不仅是你说了些什么，还要看你是怎样来表达的。你的用词、你的姿势和表情，以及你称赞他人时友善和认真的程度都至关重要。它们是显示你内心真实想法的指示器。

你应直视对方的眼睛，面带笑容，注意自己的语气，讲话要响亮清晰、干脆利落，不要细声慢语、吞吞吐吐，也不要欲语还休。

切记不要用那种令人生厌的开头：“顺便我还可以提一下，您的……还算不赖”，这让你的称赞听起来心不甘、情不愿，又像是应付差事。

如果合适，你甚至可以在称赞的同时握着对方的手，或轻轻拍拍他的胳膊，营造一点儿亲密无间的气氛。

7. 赞美不要跑题

赞赏对方的机会几乎总是出现在偏重私人性的谈话中。大多数时候在谈话中你一定会谈及其他事情。但你对对方的称赞应始终成为一个相对独立的话题和段落。在赞赏对方的这个时刻，你越是集中注意力，心无旁骛，赞赏的效果就会越好。所以，在这一刻你不要再谈论其他事情，要让这一段谈话紧紧围绕你的赞赏之辞，不要中途“跑题”。

让对方对你的赞美之辞有一个“余音绕梁”的回味空间，不要话音刚落就将话题转到其他双方有分歧的事情上，弄得对方前一刻的喜悦心情顷刻化为乌有。

8. 赞美不要打折扣

别把你的称赞和关系到实际利益的话题联系在一起，这些话题换个场合交谈会更合适。假若你的谈话旨在推销产品或获取信息，你称赞了对方之后要留出些时间，不能马上话锋一转切入主题。要避免给对方这样的印象：你前面的赞誉只是实现你推销目标的一块铺路石。

请不要用煞风景的陈词滥调来结束你们的谈话。记住，纯粹的赞赏效果最佳!

许多人在称赞他人时都易犯一个严重的错误，他们把赞赏打了折扣再送出。对某一成绩他们不是给予百分之百的赞赏，而是画蛇添足地加上几句令人沮丧的评论，或是一些能很大程度削弱赞赏的积极作用的话语。比如："您做的菜味道真好！哪一样都不错，就是汤汁里的黄油加多了。"这种折扣不仅破坏了你的赞扬，还有可能成为引起激烈争论的导火索。

尤其那些对杰出成绩的赞赏，几乎无一例外地和批评一起"搭卖"。成绩越突出，人们就越觉得自己有责任去"评论"而不仅是称赞这一成绩。他们无法忍受只唱赞歌，一定要多少挑出点儿缺憾才罢休。同时，他们错误地把赞赏他人当成了自我表现的机会。他们以为他们能够通过打了折扣的赞赏来证明自己的"批判性思维能力"，从而也出出风头，显出他们的理性和水平。

任何赞赏的折扣哪怕再微小，也使赞赏有了瑕疵，从而产生了不必要的负面影响。它破坏了赞赏的作用，使受称赞的一方原有的喜悦之情一扫而空，反而是那几句"额外搭配"的评论让人难以忘怀。

9. 赞美要语言明确

一男青年晚上在饭店碰到一位认识的女士，她正和一位女伴在用餐，两人刚听完歌剧，穿戴漂亮。这位男青年不觉眼前一亮，很想恭维一下对方："今晚你看上去真漂亮，很像个女人。"对方难免生气："我平常看上去什么样呢？像个男人吗？"

称赞的话有时会由于用词不当，让对方听来不像赞美，倒更像是贬低或侮辱，结果自然是事与愿违，不欢而散。

所以，在表扬或称赞他人时也请谨慎小心。请注意你的措辞，尤其要注意以下几条基本原则：

①列举对方身上的优点或成绩时，不要举出让听者觉得无足轻重的内容。比如向客户介绍自己的销售员时说他"很和气"或"纪律观念强"之类和推销工作没有任何关联的事。

②你的赞扬不可影射对方的缺点。比如一句口无遮拦的话："太好了，在一次次半途而废、错误和失败之后，您终于大获成功了一回！"

③不能以你曾经不相信对方能取得今日的成绩为由来称赞他。比如："我从来没想到你能做成这件事。"或是"能取得这样的成绩，你恐怕连自己都没想到吧。"

另外，你的赞词不能是对待小孩或晚辈的口吻，比如："小家伙，你做得很棒啊，这可是个了不起的成绩，就这样好好干！"

10. 赞美要有力度

或许有些人很少受表扬，所以听到别人称赞他时会不知所措。还有些人在受到称赞时想要表明，取得优秀成绩对他来说是家常便饭。这两种人面对赞赏的反应几乎一模一样："这不算什么特别的事，这是应该的，是我分内的事。"

当听到对方这种回答时，你不要一声不响，此时的沉默表示你同意他的话。这就好像在对他说："是啊，你说得对，我为什么要表扬你呢，我收回刚才的话。"

相反，你应该再次称赞他，强调你认为这是值得赞赏的事。请简短地重复一遍对他哪些方面的成绩特别看重，以及你为什么认为他表现出众。

总之，只有把握好细节的赞美，才不会被人认为是可有可无的客套话。好听的话，也要有好的表达方式才能产生好的效果。

说话一定要考虑场合

生活中，很多人都有不看场合乱说话的毛病。不要认为这是小问题，在不恰当的场合说了不恰当的话，往往会给你带来意想不到的麻烦。

心理学原理告诉我们，在不同场合中，人们对他人的话语有不同的感受、理解，并表现出不同的心理承受能力。比如，在小场合和大场合、家庭场合与公众场合，人们对于批评性说法的承受能力有明显的差异。通常在公众场合中使用指责性说法最易引起人们的反感。试想，如果这次批评是在两个人之间进行的，对方一般绝不会顶撞，可能会很平静地接受批评。

正因为受特定人际关系和场合心理的制约，有些话只能在某些特定场合里说，换一个场合就不行。同样一句话，在这里说和在那里说也有不同的效果。因此在人际交往中，说什么，怎么说，一定要顾及场合环境才有利于沟通。不顾及场合的心直口快是不值得提倡的。为了追求理想的表达效果，对于心直口快者来说，起码应注意这样几个问题：

1. 要在思想上强化场合意识

有些人在交际中对人说话直出直入，惹人生气，把事情办砸，完全是主观上缺乏场合意识的结果。他们对人很诚实，遇事时往往只从个人主观感觉出发，以为只要有话就应该说，心里有什么嘴上就说什么，不管什么场合环境就往外捅，结果有意无意地冒犯了人自己还莫名其妙，不知道毛病出在哪里。有两个老工人平时爱开玩笑，几天没有见，一见面有一位就说：“你还没有‘死’呀？”对方也不计较，回一句：“我等着给你送花圈呢！”两个人哈哈一笑了事。后来甲因重病住进了医院，乙去医院看望，一见面想逗逗他，又说：“你还没有死呀？”这一次，甲的脸一下子拉长了，生气地说：“滚，我不想看到你！”把他赶了出去。人家正在病中，心理压力很大，他在病房里对着忧心忡忡的病人说“死”，显然是没考虑场合，人家怎能不反感、恼火？其实，这位老工人说这话也是好意，想让对方开开心，只可惜他缺乏场合意识，开玩笑弄错了地方，才闹出了不愉快。

这个事例说明，有些人说话之所以惹恼人，并不是他们不会说话，而是场合观念淡薄，头脑中缺乏这根弦。所以，对于这些人来说，当务之急在于增强场合意识，懂得不同场合对说话内容和方式的特定限制和要求，时时不忘看场合说话。应当努力做到在每次参加交际活动时，要把场合大小，人数多少，及其相互关系搞清楚，据此确定自己的说话内容和方式。在具体说法上，既要考虑自己的交际目的，又要顾及他人的“场合心理”，追求主客观的高度一致。

2. 要自觉摆脱谈吐上的惯性

人们的言行往往带有一定的习惯性。有些不当的话语并不是主观上想这样说，而是受习惯的支配一不留神顺嘴说出来，造成与场合环境的不协调，事后连他们自己也感到后悔。比如，小李陪妻子高高兴兴上街买东西。在熙熙攘攘的商场里，妻子兴致很高，从这个柜台到那个柜台，买了这件，又看那件，快到中午了仍没有打道回府的意思，小李有些不耐烦了。当妻子提出再买一件高档羊毛衫的时候，他忍不住生硬地说：“你还有完没完？见什么买什么，你挣多少钱哪？”这句话刚出口，顾客们都朝他们身上看，妻子原本微笑的脸顿时变了样，生气地反驳道：“怎么，我还没有花够钱呢，你急什么？我就要买，怎么着！”直把小李顶得说不出话来，难堪极了。接着发怒的妻子也不买了，怒气冲冲地自个儿走出商店。使小李不解的是，妻子的性格本来很温顺，在家里从来不大声说话，更不要说发火了，说她什么都不计较，可今天为什么她的火气这么大呢？很显然，是小李忽略了场合因素，把在家庭中惯用的说法拿到公众场合来，用生硬口吻指责妻子，刺伤了妻子的自尊心，才引发妻子为维护自己的面子表现出强硬的态度。

所以，心直口快的人必须有意识地摆脱自己口语表达上的惯性，养成顾及场合、随境而言的良好表达习惯。在交际活动中，要把交际对象、交际场合、交际时间等多种相关因素都考虑进去，想一想如何张口，选择最恰当的方式说话，以使自己的谈吐既符合场合要求，又符合对象的接受心理，最大限度地实现与交际对象的沟通。

3. 要善于控制自己的不良情绪

经验证明，人们忽略场合因素，造成语言失控，常常发生在情绪冲动之时。比如，有的人喝酒之后或遇到兴奋事情时，情绪十分激动，甚至忘乎所以，不能自控，说出一些与场合气氛不协调的话来，造成不良后果。有个特别能侃的青年，在朋友的婚礼酒席上，大侃自己的见闻，逗得人们哈哈大笑。不料他心血来潮，讲起了一个新婚之夜新郎杀死新娘的奇闻。还没等他说完，新娘的脸色就变了，新郎也火了，不客气地把他轰了出去。这个青年的失言就是由于情绪失控造成的。在喜庆场合卖弄自己的口才，说与场合气氛很不协调又不吉利的话题，难免惹恼人。

俗话说：“到什么山上唱什么歌。”不分场合乱说话，除了让你变得不合时宜，还会引起矛盾。因此，开口之前还是先看清场合，免得自讨没趣。

拒绝的话不能说得太“绝”

生活中，我们总有拒绝别人的时候，切记拒绝的话不能说得太直率、太绝，伤了人家面子很容易引起后患。怎样拒绝别人又不伤人面子虽是小事，但也要仔细斟酌才行。

拒绝别人时免不了要说一个“不”字。既要把“不”字说出口，又能赢得人家的宽容和体谅，和他人保持良好的人际关系，实非易事。敢于说“不”，诚然不易，而善于说“不”，则更加难得，所以用适当的方式说拒绝，确实是一门艺术。

拒绝的方式多种多样，可以因人因事灵活运用。

面对某些人的无理取闹，特别是面对时弊陋习，务必旗帜鲜明，断然予以拒绝。

对于那些懂得自尊、无奈时才偶尔相求但又求得有点儿出格的人，拒绝则宜委婉，不要伤面子，避免尴尬。

曾有位女士对林肯说：“总统先生，你必须给我一张授衔令，委任我儿子为上校。”林肯看了她一下。女士继续说，“我提出这一要求并不是在求你开恩，而是我有权力这样做，因为我祖父在列克星敦打过仗，我叔父是布拉斯堡战役中唯一没有逃跑的士兵，我父亲在新奥尔良作过战，我丈夫战死在蒙特雷。”林肯仔细听过后说：“夫人，我想你一家为报效国家已经做得够多了，现在把这样的机会让给别人的时候到了。”这位女士本意是恳求林肯看在其家人功劳的份上，为其儿子授衔。林肯当然明白对方的意思，他只是以装糊涂的方式来拒绝女士不合理的请求。

恰到好处的拒绝既有利于自己，也有利于别人。你不可能什么事情、什么情况下都能满足对方的要求。有些人经常在该说“不”的时候没有说“不”，结果到头来既害己、又害人，将人际关系弄糟。

说“不”时应当从以下几个方面做工作：

1. 想办法缓和对方对“不”的抗拒感。虽然说“不”或“行”要明白表示，却也不是叫你毫无顾虑地就表示“要”或“不要”。语气强硬地说“不行”、“没办法”，是会伤害对方的自尊心，甚至招来对方的怨恨的。

对别人的要求要洗耳恭听、对自己不能答应的事要表示抱歉、体谅对方拼命工作的苦心……这些都是在你回答“不”之前所应思考的。尤其当要求的对方是上级时，说话更要留余地。

2. 要顾及对方的自尊心。人都是有自尊心的，一个人有求于别人时，往往都带着惴惴不安的心理；如果一开始就说“不行”，势必会伤害对方的自尊心，使对方不安的心理急剧加速，失去平衡，引起强烈的反感，从而产生不良后果。因此，不宜一开口就说“不行”，应该尊重对方的愿望，先说关心、同情的话，然后再讲清实际情况，说明无法接受要求的理由。由于先说了那些让人听了产生共鸣的话，对方才能相信你所陈述的情况是真实的，相信你的拒绝是出于无奈，因而是可以理解的。

当拒绝别人时，不但要考虑到对方可能产生的反应，还要注意准确恰当的措辞。比如你拒聘某人时，如果悉数罗列他的缺点，会十分伤害他的自尊心。不妨先称赞他的优点，然后再指出缺点，说明不得不这样处置的理由，对方也能更容易接受，甚至感激你。

3. 降低对方对你的期望。大凡来求你办事的人，都是相信你能解决这个问题，抱有很高的期望值。一般地说，对你抱有的期望越高，越是难以拒绝。在拒绝要求时，倘若多讲自己的长处，或过分夸耀自己，就会在无意中抬高了对方的期望，增大了拒绝的难度。如果适当地讲一讲自己的短处，就降低了对方的期望，在此基础上，抓住适当的机会多讲别人的长处，就能把对方的求助目标自然地转移过去。这样不仅可以达到拒绝的目的，而且使被拒绝者因得到一个更好的归宿，由意外的成功所产生的愉快和欣慰的心情，取代了原有的失望与烦恼。

掌握以下这些拒绝别人时的细节，可能会对你有所帮助：

1. 在别人提出要求前做好说“不”的准备

那些在别人不论提出多不合理的要求时都很难说“不”的人，通常是有以下一种或几种原因：

①对自己的判断力缺乏自信，不知道什么是应该做的，什么是别人不该期望自己做的

②渴望讨别人喜欢，担心拒绝别人会让人把自己看扁了

③对自己能成功地负起多少责任认识不清

④太过追求完善的道德标准。他们会为“拒绝帮助”别人而感到愧疚

⑤觉得自己低人一等，因而把别人看成是能控制自己的“权威人士”

然而，不论出于何种理由，这些不敢说“不”的人通常承认自己受感情所支配。不管过去的经历如何，他们从未在别人提出要求时有一个准备好的答复。

假如发现自己的拒绝是完全公平合理之时都很难启齿说“不”，那么请用以下这些方法帮助你自己：

①在别人可能向你提出不能接受的要求之前做好准备

②把你的答复预先演习一遍，准备3至4套可使用的句子

③在说出“不”之后要坚持，假如举棋不定，别人会认为可以说服你改变主意

④在说出“不”之后千万别有负罪感

2. 用沉默表示“不”

当别人问:“你喜欢阿兰德隆吗?”你心里并不喜欢,这时,你可以不表态,或者一笑置之,别人即会明白。

一位不大熟识的朋友邀请你参加晚会,送来请帖,你可以不予回复。它本身说明,你不愿参加这样的活动。

3. 用拖延表示“不”

一位女友想和你约会。她在电话里问你:“今天晚上8点钟去跳舞,好吗?”你可以回答:“明天再约吧,到时候我给你去电话。”你的同事约你星期天钓鱼,你不想去,可以这样回答:“其实我是个钓鱼迷,可自从成了家,星期天就被妻子‘没收’啦!”

4. 用推托表示“不”

一位客人请求你替他换个房间,你可以说:“对不起,这得值班经理决定,他现在不在。”

你和妻子一块上街,妻子看到一件漂亮的连衣裙,很想买,你可以拍拍衣袋:“糟糕,我忘了带钱包。”

有人想找你谈话,你看看表:“对不起,我还要参加一个会,改天行吗?”

5. 用回避表示“不”

你和朋友去看了一部拙劣的武打片,出影院后,朋友问:“你觉得这部片子怎么样?”你可以回答:“我更喜欢抒情点儿的片子。”

你正发烧,但不想告诉朋友,以免引起他的担心。朋友关心地问:“你试试体温吗?”你可以说:“不要紧。”

6. 用反诘表示“不”

你和别人一起谈论国家大事。当对方问:“你是否认为物价增长过快?”你可以回答:“那么你认为增长太慢了吗?”

你的恋人问:“你讨厌我吗?”你可以回答:“你认为我讨厌你吗?”

7. 用客气表示“不”

当别人送礼品给你，而你又不能接受，你可以客气地回绝：一是说客气话；二是表示受宠若惊，不敢领受；三是强调对方留着它会有更多的用途等。

8. 以友好、热情的方式说“不”

一位作家想同某教授交朋友。作家热情地说：“今晚我请你共进晚餐，你愿意吗?”不巧教授正忙于准备学术报告会的讲稿，实在抽不出时间。于是，他亲热地笑了笑，带着歉意说：“对你的邀请，我感到非常荣幸，可是我正忙于准备讲稿，实在无法脱身，十分抱歉!”他的拒绝是有礼貌而且愉快的，又是那么干脆。

生硬的拒绝必定会引起对方的不满，因此在拒绝别人时，一定要仔细琢磨，格外留神，这样才能既表明你的态度又不得罪人。

注意细节才能不被误解

在人际沟通中，被人误解是常有的事。遭人误解会给你的工作和生活带来很大不便。误解常常是由于我们说话时不注意细节引起的，言者无心，听者有意，因此我们一定要注意细节，化解误会。

什么情况下会引起误解呢?

1. 言词不足

有的人在表达信息或者说明某些事情时，常常在言词上有所缺失，结果弄得只有自己明白，别人一点儿也搞不清真相。这种人就是缺乏“让对方明白”的意识，以致容易招来对方的误解。

2. 过分小心

有的人不管遇到什么事都顾虑过多，从不发表意见。因此，个人的存在感相当薄弱，变成容易让人误会的对象。

这样的人总寄望对方不必听太多说明就能明白，缺乏积极表达自己意见的魄力。对于这种类型的人而言，含蓄并不是美德，这一点要深刻反省。

3. 自以为是

另一种人是头脑聪明，任何事都能办得妥当，但是却经常自以为是，我行我素。即使着手一件新工作，也从不和别人照会一声，只管自作主张地干活。这么一来，即使自己把工作圆满完成，上级及周围的人也不会表示欢迎。

4. 留给人不好的外观印象

人对视觉上的感受印象最深刻。虽然大家都明白“不可以貌取人”，但是，实际上双眼所见的形象，往往成为评判一个人的标准，这个印象可能是造成误解的原因。如果让周围的人有了不好的印象，且造成误解，若不早点解决，恐怕会造成难堪的局面。

5. 欠缺体贴

纵然只是一句玩笑话，但若造成对方的不快，恐怕也会导致意想不到的误解。甚至一句安慰、犒劳的话，如果没有用对方易于接受的方式表达，也可能造成误解。因此，在说话之前，一定要先考虑对方的状况以及能够接受的程度。

为了与人沟通时把话说得更加清楚明白，免遭误解，应该注意以下几点：

1. 不要随意省略主语

从现代语法看，在一些特殊的语境中是可以省略主语的。但这必须是在交谈双方都明白的基础上，否则随意省略主语，容易造成误解。

2. 要注意同音词的使用

同音词就是语音相同而意义不同的词。在口语表达中脱离了字形，所以同音词用得不当，就很容易产生误解。如“期终考试”就容易误解为“期中考试”，所以在这时不如把“期终”改为“期末”，就不会造成误解。

3. 少用文言词和方言

在与人交谈中，除非有特殊需要，一般不要用文言词。文言词的过多使用，容易造成对方的误解，不利于感情的交流和思想的表达。

4. 说话时要注意适当的停顿

书面语借助标点把句子断开，以便使内容更加具体、准确。在口语中我们常常借助的是停顿，有效地运用停顿可以使你的话明白、动听，减少误解。有些人说起话来像开机关枪，特别是在激动的时候就不注意停顿了。而听者则由于跟不上他的速度，很容易发生误解。所以我们在与人交谈时，一定要注意语句的停顿，使人明白、轻松地听你谈话。

另外还要注意的一点是，如果对方因误解而指责你，你就不能一味地忍气吞声，而是要为自己辩护。

有些人面临麻烦的事常用辩护来逃避责任，这就走到另一个极端了。这种推卸责任的辩护，偶一为之，无伤大雅，尚可原谅；倘一犯再犯，肯定会失去别人对你的信任。

辩解的困难点在于双方都意气用事，头脑失去了冷静，所以过于紧张和自责，反而会使场面更僵。因此遇到这类棘手的对立状态时，更应该积极辩明，明确责任。其要点大概有以下几点：

1. 把握时机

寻找一个恰当的机会进行辩解很重要。辩明应该越早越好。辩明越早，则越容易采取补救措施。否则，因为害怕对方责骂而迟迟不说明，越拖越误事，对方会更生气。

2. 自我反省的事项要越简单明了越好

自我反省时不要悔恨不已，痛哭流涕，不成体统。越把自己说得无能，反而会增加对方对你的不满。还是适当点一下为好，但要点到本质上，说明自己对错误已经有了足够的认识。

3. 辩护时别忘了站在对方的立场上讲话

站在自身的立场上拼命替自己辩解，这样只能越辩越使对方生气。应该把眼光放高一点，站在对方的立场上来解释这件事，则容易被接受。

4. 辩解时需要注意

不管什么情况，都不要加上“你居然这么说……”任何人都有保护自己的本能，做错事或和旁人意见相左时，便会积极地说明经过、背景、原因等，但在对方看来，这种人顽固不化，只是找理由为自己辩护罢了。

5. 道歉时需要注意

道歉时千万不要说“虽然那样……但是……”这种道歉的话，让人听起来觉得你好像是在强词夺理，无理搅三分。道歉时，只要说“对不起”！如果面对的是性格坦率的人，或许就可以化解彼此的矛盾。当然该说明的时候仍要有勇气据理力争，好让对方了解自己的立场。

总之，与人沟通时，讲话一定要谨慎，细微之处也不能忽视，免得发生不必要的误解，甚至是摸不着头绪的纠纷。

话题是沟通的重要一环

一些人抱怨自己口才不佳，很难与人进行良好的沟通，总是聊不上几句就没词儿了。其实这是由于他们没有找准话题引起的。话题虽然只是一个小细节，但却关系到沟通能否顺利地展开。

仔细观察就会发现，在交谈中居于劣势的一方常常是寻找话题的责任者，例如：在求人办事儿的过程中，求人者需要仔细挑选交谈的话题；在谈生意的过程中，合作的一方则有选择交谈话题的义务。

一般的交谈总是由“闲谈”开始的，说些看来好像没有什么意义的话，其实就是先使大家轻松一点，熟悉一点，造成一种有利交谈的气氛。

当交谈开始的时候，我们不妨谈谈天气，而天气几乎是中外人士最常用的普遍的话题。

交谈的确需要相当的经验。当你面对着各式各样的场合，面对各式各样的人物，要能做得恰到好处实在不是一件容易的事。倘若交谈开始得不好，就不能继续发展相互之间的交往，而且还会使得对方感到不快，给对方留下不好的印象。

自然，亲切有礼、言辞得体是最重要的。然而即使做到这一点，也不能说就一定会收到良好的效果。

因此，平时除了你所最关心、最感兴趣的话题之外，你要多储备一些和别人“闲谈”的资料。这些资料往往应轻松、有趣，容易引起别人的注意。

除了天气之外，还应有些常用的闲谈素材，例如：

1. 自己闹过的一些无伤大雅的笑话
2. 惊险故事
3. 健康与医药
4. 家庭问题
5. 运动与娱乐
6. 轰动一时的社会新闻
7. 笑话

话题是良好沟通的重要一环，因此我们一定要在话题上多下功夫。只要多留心生活中的事物，多了解谈话者的兴趣爱好，找到合适的话题就不再是难事。

第十章　让高调的细节成为你工作的垫脚石

俗话说，人往高处走，水往低处流。谁都希望自己人生之路走得高而远，但如果方法不得当，你的努力也只能付之东流。沉下心来用细节做垫脚石吧，因为再高的山峰也需要一级级攀登，再大的目标也需要一步步实现。

从细节处用心做别人做不到的事

要想成为一个出色的员工，就要想别人没有想到的，做别人没有做到的。只有以小事为突破口，在细节处下足功夫，在别人忽略之处做足文章，你才能在与别人的竞争中脱颖而出。

有这样两位秘书：在帮领导购买到车票之后，一位秘书只是把一大把车票直接交上去，这样一来，车票杂乱无章，不但不容易查清时刻，而且容易丢失；另一位秘书却把车票装进一个大信封，并且在信封上详细地注明列车的车次、座位号和起程、到达的时刻。很显然，后一位秘书是一个有心人，她很注重细节，虽然只是在信封上写了几个字而已，却方便了领导，并大大节省了领导的时间。

正是因为后一位秘书能在细节上下足功夫，所以她能够得到老板的青睐也是理所当然的事。而下面这个小职员的提升，与那位秘书有着异曲同工之妙。

在日本大阪的一家公司里，一位小姐专门负责与她的公司有业务往来的客商的接待工作。其中，一家德国公司与她的公司有重大的业务往来，因此，德国公司的经理必须经常往返于大阪和东京之间，而订票的工作也就顺理成章地由那位小姐来承担。但令那位德国经理感到奇怪的是，每次他坐车去大阪时，他的座位总是靠近右侧的车窗；而当他返回东京时，座位却总是靠近左边的车窗，并且次次如此，从来没有一次例外。

有一次，他终于忍不住地问了这位小姐，小姐微笑着对他说："我想来到日本的外国客人肯定都喜欢看到富士山那雄伟的身姿，所以我就给您做了这样的安排。这样，您就可以在每次坐车时都能看到富士山了。"

听到她的回答，德国经理倍受感动。他认为，这家公司的员工的工作如此细致入微，就连这样的小事都能够想到，那么，跟他们合作自然是毫无差错的了。于是，他很快给这家公司增加了 250 万欧元的贸易额。

在工作中认真细致，在细节上下大力气，也许你就能做出别人意想不到的成绩，并在职场中轻松获胜。

做到简单而有条理地工作

众所周知，想在职场上取得令人满意的成绩，如果没有真正过硬的本事，就算八面玲珑也是不行的。别人会轻视你，认为你是个外强中干的家伙。因此，如果你想高效而出色地完成工作任务，就应该会细分工作，使之经纬分明。

工作被细分的过程是它们被条理化的过程，这样更容易看清它的本质，更容易看清它在被处理的过程中可能出现的难点和问题。这样，你就能有的放矢地去解决这些问题，提高完成整项工作的速度和质量。

相反，如果不会细分工作，在工作中就可能会产生“多米诺效应”：部分工作的完成效果往往会影响到整个工作的质量；有时在工作进行到某一阶段时，就无法继续下去。可见，这种细微处的缺失往往导致较差的工作效果，从而导致人的信心的丧失。

学会细分工作，首先应该了解工作的来龙去脉。有的员工认为，如果自己能够认真对待老板指定的工作，并且努力做出成效，就可以说是尽心尽力了，其实这是远远不够的。你应该明白整个工作的流程，明白自己正进行的工作与整体工作有什么关系，在整个过程中起什么作用。

在接受上司指派的工作时，首先应该明确工作的目的，其次，要了解工作的重要性、时间期限以及工作的进展等内容。从上司的话中领悟要点，如有不清楚的地方就马上询问，从而避免在工作中犯错。

如何细分工作？这里给大家提供一种经典的方法——5W2H 法。

所谓 5W2H，是指：

1. why（为什么），工作的重要性；

2. what（为什么），工作的目的；

3. when（何时），时间期限；

4. who（谁），工作负责人；

5. where（何地），工作地点；

6. how（怎么），工作方式；

7. how much（多少），工作的成本或者工作的数量。

每项工作都可以按照上面的七个方面进行分解。通过分解，工作的轻重缓急就可以清楚地呈现在你的面前，你就可以准确地开展工作了。当然，一般情况下，工作程序还包括制定计划、实施计划、分析成果、评价工作和撰写工作报告等步骤。只有以细分工作为基础，落实贯彻工作步骤，你才能出色地完成自己的工作。

工作细分可以使我们对工作的认知变得深刻而透彻，从而提高工作的精确度。

任何一位员工都希望工作起来顺利无阻，轻松自如。但现实中，我们见到的往往是，因为人为的原因工作被复杂化，上级交付的任务落实起来变得很困难，或者难以到位。因此，我们的目标必须是：尽可能使事情简单化。很显然，这是一件非常困难的工作，但是，要使自己的工作高效、简洁、轻松，我们就应该向这个简单的方向努力。

工作无序，没有条理，在一切都是乱糟糟的工作环境中东翻西找，这无疑意味着你的精力和时间都毫无价值地浪费了。我们经常会看到一些学生的书包、书桌，甚至一些高级管理人员的公文包和办公桌上，堆满了文件、废报纸、喝剩下的半杯牛奶、折了半页角的旧杂志等等。

而许多高效率员工的桌面都有一个非常突出的特点——没有杂物，非常整齐。

美国管理学者蓝斯登说：

我赞美彻底和有条理的工作方式……看看彻底和有条理的员工的工作方式，他桌上的公文已减少到最少程度，因为他知道一次只能处理一件公文。当你问他目前的某件事时，他立刻可从公文柜中找出。当你问起某件已完成的事时，他一眨眼就能想到放在何处。当交给他一份备忘录或计划方案时，他会插入适当的卷宗内，或放入某一档案柜。

再看看他的手提箱。箱中并不是3天旅行所用的东西，而是归类分明、随时要用的公文。其中也许有小说和文具，但绝不是一个废物箱。我认识一位装模作样的经理，他每天都一本正经地提了一大箱公文回家。有一天他把手提箱遗留在办公室内，让我偶然看到其中的东西：橡皮擦、两块啃了一半的棒棒糖、一份老爷杂志，以及一本乱涂的书。这种装模作样的经理人，每个公司都有……有效的经理人同样也因有条理和对工作的落实彻底而给上司留下深刻印象。上司会对他产生信任感，认为他言而有信。这种信任为这种经理人开启了更大和更佳的工作岗位之门。

办公桌面、作业环境是否整洁，是工作条理化的一个重要方面。我们甚至可以说，杂乱无章的工作方式是一种恶习。有些人却把杂乱看做一种工作方式，他们也许认为在这种随意的工作环境中，他们的心情会更放松，那些重要的东西总会在大堆的文件中浮现出来的。一位西方的老牌管理者对办公桌上堆积如山的东西提出了精辟的解释："这是因为我们不想忘记所有的东西。我们把想记住的东西放到办公桌上一堆资料的顶部，这样就可以看到它们。"

可问题是，在多数情况下，东西越堆越高，物件越杂乱无章，就越可能带来相反的效果。当你不能记起堆积物下层放的是什么东西时，或者你要为一个项目找到所有相关资料时，你就不得不在资料堆里埋头苦找。这样，时间就浪费在了查找丢失的东西上了。更糟糕的是，随意放置的凌乱的东西会随时吸引你的注意力。当你在做某项工作的时候，你的视线也许会在不知不觉中被别人送你的小纪念品、钟表或者全家福照片吸引走。等你回过神来的时候，你又不得不从头思索你刚才正在做的工作或者写的文书。

花时间来整理一下你手边的工作，半小时到一个小时的时间会给你带来惊喜。

高效利用时间是必须关注的工作细节

没有哪个领导者不喜欢高效利用时间的员工，这样的员工能够让上司放心地交付任务。能够将时间安排得合理有序，不仅需要勇气，还需要理智，以及非常重要的一条——坚持不懈。

"我做的每一件事都经过精心计划，否则我不可能完成任何事。"

这是在密歇根州拥有将近20家家具店的坎贝尔家具公司董事长兼总执行长坎贝尔所说的话。

在他的观念里，充分利用时间将他的活动排定优先次序，懂得分层负责，使时间的利用充分、合理、高效，这是一门重要的技巧。

事实上，坎贝尔把时间视为最重要的投资。他发现了一个事实，那就是有许多人不珍视它。以今日的用语来说，时间是不可回收的。光是注意现在几点几分，是不会有任何经济效用的。在现今社会里，很少有人把时间视为一项投资，却对于每种投资，都要求满意的报酬。

而坎贝尔却能将时间看做一种投资。在他为别人工作的过程中，他就懂得让时间为自己工作。他合理规划时间的原则非常值得大家学习：

1. 懂得时间的价值。时间是上天最珍贵的赏赐，是一颗价值不菲的珍珠。坎贝尔建议："定期安排会议，同时限定会议时间的长度，务必不浪费每一分钟。同时，我凡事都事先预约，而且我认为每个人都会准时。"

2. 控制时间。以一种精打细算、有效率的方式，利用你所拥有的时间。坎贝尔提醒大家："谨记好好掌握每一件事，意思就是好好掌握时间。"

3. 要排对时间先后顺序。逐一检查你的工作，列出什么该在本星期之初就去做，什么可以留待稍后再做，列出什么应该一大早就做，什么可以晚点儿再处理。坎贝尔说："排定优先次序可以帮助你确定你已将最重要的事放在最优先的位置上。"

4. 授权要慎重。让自己专心去做主要负责的事务，把其他工作交给助手去做。坎贝尔说："你想插手的事情愈多，你浪费的时间就愈多。授权是对的，但还要确定把工作分派给最佳人选。这么做就等于多了好几倍的你。"

5. 不可拖拖拉拉。没错，拖延是偷时间的贼，所以今天该做的事，绝不要延迟到明天才做。坎贝尔说:“我为自己定下了一个规定,在我下班离开之前,一定把工作做完。”

西方有一句谚语:“省下一分钱就等于赚到一分钱。”我们也可以这么说:“省下一分钟就等于赚到一分钟。”所以,你省下的每分每秒就是你所赚到的,而你赚得的,就是能否升值的衡量仪。有条理地规划你的时间,让每一秒钟都有它存在和利用的价值,这是你做好工作的一个重要表现。

报告要简约而不简单

“一目了然”往往比“繁琐冗长”更能体现出效率。办公中要注重时间的节约问题,写报告也是如此。简约而不简单,不但可以体现出超强的办事效率,也可以给人一种精明干练的感觉。

职场中免不了写报告、做方案。如果浪费写报告的时间,就不仅是烦心这么简单了,还会造成工作时间的浪费,直接降低工作效率。不要让细节毁了你的工作,写报告就是这样一个必须重视的细节。

写报告如同穿衣服,不知你有没有听说过这么一句话:“十件单衣抵不上一件棉衣。”这是穿衣服很肤浅的道理,说的就是穿上十件单衣虽然多,却还不如穿一件棉衣暖和,用来形容费了很大力气却没能达到理想的目的。你会不会经常遇这种情况:辛辛苦苦、费尽心血做出来的方案,老板只是粗略地看一遍就否定了。这时内心会是怎样的感觉?大骂老板有眼无珠?如果做一下换位思考便很容易找到答案,报告冗长、空洞乏味没有深层意义,看起来既麻烦又得不到想要的内容,白白浪费了老板的时间和自己熬夜所得来的心血,老板无论如何也不会接受这样的报告或方案!即使你的报告写得很好,老板又怎会静下心来看那么繁琐的文字？有时，老板要的仅仅是赚钱的可行办法，你只需以最快的方式拿出简单、可行的办法，让他一目了然能够看到效益，而不是拿出一篇文字功底扎实的论文。

小王是某公司销售部的主管，业绩一直很不错。他一心想通过努力坐上高级管理层的位置。

苦苦等待的机会终于来了：他们公司这个地区的业绩做得相当好，所以地区总经理被调到别的地区开发新市场去了，而原来的副总很自然地就提到了正职的位置上，副总原来的位置也就空下来了，公司的总裁办公会决定从下面有能力的几位主管当中提拔一位，填补这个空缺。

几个有可能升任的主管都跃跃欲试，拿出了各自的看家本领争取这个位置。小王也不例外，因为他的业绩相当突出。

经过层层考核，小王和另一个部门的主管小刘进入了最后的候选名单。最后一关就是由刚刚升任的总经理亲自考核。

半个月后名单公布下来了，小王的职位没有变动，还做他的部门主任，胜利的自然是同他竞争的小刘。这令小王百思不得其解，细细想来，这期间总经理只让他们做过一份关于销售的报告，而那份报告是小王用了几天的时间精心写出来的，他自认为比竞争对手小刘的不会差。

名单公布的第二天，总经理让秘书把小王叫了过去，一是为了安抚小王落选后失落的情绪，让他再接再厉好好工作；二是向他解释一下为什么没有让他升迁的原因。

总经理对他说："作为一个高层管理者，学会写一份有价值的报告是很有必要的。当然，你写的报告我已经认真看过了，里面分析的问题很详细，说得也不错！这个是小刘的报告，你看一下就明白为什么没有提拔你而提拔他了！"说着，从抽屉里拿出一份报告摆在小王面前。

小王心里也一直在纳闷，是不是小刘在报告里做了手脚。看过小刘的报告才知道，问题果然就出在报告上：小刘的报告虽然文笔没他好，但是小刘在长长的报告后另附了一份几百字的简要概括，看起来果然不同凡响，把整个报告的精华叙述得一目了然。

小王终于弄明白了，他进入高级领导层的梦想就是被一份小小的报告毁掉的。

报告的力量就是这么大，有时甚至更大！作为一个老板，他一天的工作已经非常的忙碌，根本没有足够的时间仔细阅读报告方案。如果员工在给他的报告里附上一份简洁的概要，老板接到报告时就会先阅读这份概要，通过阅读这份概要能节省时间，快速了解员工报告的内容，迅速作出决策。

细节完美才能将工作落实到位

现在的竞争是细节的竞争。细节影响品质，细节体现品位，细节显示差异，细节能够为企业创造可观的效益。

许多企业就是因为小小的细节没有掌握住，而损失惨重甚至退出经济舞台；也有不少公司因为一个小小的细节创造了奇迹，让它们一跃成为让商界关注的焦点。

所有的企业员工，都应该在执行工作中注重细节要善于抓住细节以防止漏洞，才能使企业在运作中减少人力和物力不必要的损耗，稳步发展。

每项工作的成败不仅仅取决于策划，更在于执行过程中细节的把握。若是不能在落实过程中抓住这些细节、防止漏洞，再好的策划也只能是纸上蓝图。唯有落实得好，才能真正把工作的价值完美地体现出来。

某乳品企业营销副总谈起他们在某市的推广活动时说：“我们的推

广非常注重实效。不说别的，每天在全市穿行的100辆崭新的送奶车，醒目的品牌标志和统一的车型颜色本身就是流动的广告。而且我要求，即使没有送奶任务也要在街上开着转。多好的宣传方式，别的厂家根本没重视这一点。”

然而，这个城市里原来很多喝这个牌子牛奶的人，后来却坚决不喝了，原因正是这些送奶车惹的祸。原来这些送奶车用了一段时间后，由于忽略了维护清洗，车身沾满了污泥，甚至有些车厢已经明显破损，但照样每天在大街上招摇过市。人们每天受到这种不良视觉的刺激，喝这种奶哪里还能有味美的感觉！

创造这种推广方式的厂家没想到：“成也送奶车，败也送奶车。”对送奶车清洁这一细节问题的忽视，导致了这一创意极佳的推广方式的失败。

同样的问题越来越多地出现在每个企业的各个营销环节中。很多企业在营销出现问题的时候，反复地思考营销战略、推广策略哪儿出了毛病，但忽视了对落实细节的认真审核和严格监督。

如果从一个营销活动的落实而言，细节的意义要远大于创意，尤其是当一个方案在全国多个区域同时展开时，一旦落实不到位，细节失控，最终很可能面目全非。而每一个细节上的疏忽，都可能对整体的成功形成“一票否决权”。

在执行过程中这些细节非常多。每个员工由于工作性质不同，工作中值得注意的细节也不同。但是只要能在执行的过程中，把这些细节很好地掌握住，让它们尽量发挥有价值的一面，便能为企业节省时间和创造出可观的效益。否则，也会给企业带来严重的经济和声誉方面的损失。

好员工必须养成节约的好习惯

“泰山不攘土壤，故能成其大；河海不择细流，故能就其深。”公司的发展与壮大和节约有着密切的联系。

世界上的每一个规模庞大、实力雄厚的企业都不是凭空产生的，它们是靠着所有员工们一步一个脚印、一分钱一分钱地创造出来和省出来的。

企业的效益和员工的命运息息相关。企业好比是一台巨大的机器，而员工创造的利润正如能够使机器运转的燃油一样，给企业的运转提供着能量。如果燃油供应的少（创造的企业利润少），或者燃油劣质（在生产过程中浪费严重），都会使企业这台机器缓慢前进或者停步，用于支付“这部机器的维护费用”（支付员工的工资和所要纳的税）会明显不足，导致这部机器失去使用价值而废弃。

员工作为企业的一员，应该为企业的发展、壮大贡献力量。其实，员工只要做好很简单的一些事，企业就会受益匪浅——员工只要在把自己工作范围内的事情尽职尽责做好的同时，注意在生产过程中为公司节省每一分钱，那样就不但会在直接的工作当中为公司创造一份利润，也会在生产中创造一份节省出来的利润，作为公司来讲，收获的将是两份利润。公司这部机器也会因此燃料充足，高速奔驰在经济发展的大道上。

员工和企业是一个整体，有着共同的目标和共同的利益，要想让企业更加强大，员工必须注意生产过程中的节约效益，创造额外利润。

曾经有一位“海归派”女博士，在一家写字楼里工作。当她到那个公司不久，同事们便把她看成办公室里的“另类”，原因是她从来不用大家都习惯用的一次性纸杯和筷子，总是自备水杯；拒绝吃用塑料泡沫饭盒装的盒饭，总是自备餐具；在办公室里她忍受不了别人哪怕浪费一张纸，总是刻意地提醒同事要注意节约使用，她自己更是经常拿用过一面的纸写字和打印文件；每次办公室里的电器一旦用不着的时候，都是她主动地将它们关掉电源。

这些行为在同事们看来，都是很做作的事情，认为根本没有必要如此做。毕竟他们公司的实力还算雄厚，每个月公司的盈利也都很可观，更何况老板也一直没有在这方面有更多的要求。

可是女博士还是一如既往地执行着。几年后，女博士离开了那家公司，但那家公司的办公作风却改变了：女博士的那一系列原来被同事看成“另类”的行为，现在成了每位员工主动完成的事情，并且大家不再像以前一样觉得做作，反而觉得这些都是很正常的事。还在公司的那些老员工也真正体会到了当时女博士工作中的可贵之处。

现如今那家公司的实力更加雄厚了，老板也发现了其中的原因。他还时时想起这位给他带来更多利润的女博士，而现在女博士已经是某家公司的总裁了。

多节省一分钱，较之为多生产一分钱要容易得多，每一位员工只要稍微留神，便能够把这部分利润收入公司腰包。

不要占单位的小便宜

俗话说：“贪小便宜吃大亏。”别人的小便宜贪不得，公司、企业的小便宜更是贪不得的。往往公司、企业的形象和效益就葬送在那些贪小便宜的人手中。而那些贪小便宜的人，最终也会因为他们的行为而得到惨痛的教训。

企业和公司里往往会有一些这样的人：对待企业和公司有着绝对的“主人翁精神”。这里当然不是夸奖他们多么的为自己的公司、企业着想，而是这些人习以为常地把公司里的一些东西时不时地往家里搬。他们往往不在乎那些东西值不值钱，只要是公司的统统都不放过。

在公司里毫无节制地使用公司的物品，能浪费的绝对不省着，用不了的就往家里拿。别说什么贵重东西了，就连墨水、打印纸、圆珠笔之类不值几个钱的，也往家里没有节制地搬。别看这些小物件不起眼，大由小来，粗由细成，积沙成丘，集腋成裘；公司要为每个人配备充足的话，也要消耗很大的一笔开支。如果我们能够把拿回家的那些“私人财物”充分利用在办公当中，不仅能够为公司、企业节约大量的开支，还能创造价值。

你可能会觉得：我们为公司拼搏了这么多年，拿点儿公司的小东西又算得了什么？老板不会因为这和我们为难的。老板可能会因为你的劳苦功高对你的这种行为睁只眼闭只眼，但是，如果积少成多，给公司带来巨大的损失，那可就到了新账、老账一起算的时候了……

兰女士在一家公司上班。她天性就喜欢占小便宜，经常顺手把公司里的一些小东西拿回家，给她正在上学的儿子用。由于她是老员工了，为公司的发展立下了不少功劳，所以公司老板也不好意思当面批评她，只好自己损失一点以求得大家的和气。可是当同事们看到兰女士如此这般而老板置之不理时，也纷纷效仿。这下公司每月的内部办公费用剧增，而兰女士和家里有孩子的同事们，却从来都不用为自家孩子上学的一些用具发愁。

最后，兰女士接受了一个惨痛的教训：她不得不放弃原来那份轻松而高收入的工作，去人才市场重新找工作了，并且为了达到她当初的收入水平，至少还需要在新的岗位上再打拼几年。

也许有人会这样想：占用公司一本稿纸、一支圆珠笔有什么大不了的，这些不值钱的小东西，用用又有什么关系呢？其实，这种想法是不对的。一个人职业品质的好坏，往往都会从这些细小的方面体现出来。俗话说："不因善小而不为，不因恶小而为之。"不要小看一张纸或一支笔所造成的损失，它比你想象的要严重得多。损公肥私的事情，无论是谁都不愿意买这个账的！许多人在职场打拼多年没有取得成功，就是败在自己不良的职业操守和办公中的公私不分的小节上了。

对外来说，从一个员工身上往往能看到企业的影子，所谓"一叶知秋"就是这个道理。所以，个人与公司的整体利益是密切相关的。每个员工的点滴形象和行为，都是和公司密切相关的。要懂得公是公，私是私，千万要把这两方面分清楚。

把生活中的坏习惯挡在工作之外

每个人都很清楚：工作是自己的衣食父母。你怎么对待工作，工作就会给你相应的回报，这就好比农民种地，种下什么样的籽，就会收获什么样的果。如果对待工作总是"三天打鱼、两天晒网"，那么，你的工作成果一定非常糟糕。也许，生活中的你是一个懒惰、拖拉、喜欢无拘无束的人，但在工作中，你一定要学会自律，避免将生活中的不良习惯带到工作中来，因为，在生活中，你的这些坏习惯也许不会影响到别人，但在工作中，你的坏习惯却可能会影响到全局的利益，甚至会使团队工作陷入僵局。

在准备出国同外商谈判之前，某公司老板要求公司的几位部门主管把他所需要的一切物品都准备好。

在老板登机的那天早晨，各部门主管提前来到机场，准备给老板送行。有人问其中一个部门主管："你负责的文件准备好了没有？"

对方睁着惺忪的睡眼，打着呵欠说：“我昨晚上实在熬不住就睡着了。反正我负责的文件是用英文撰写的，老板又看不懂英文，在飞机上也用不着它。等他上了飞机，我就回公司把文件打好再传真过去不就行了。”

他的话音还未落，老板就到了机场。老板的第一句话就是问他：“你负责准备的那份文件和数据资料呢?”这位主管照实回答了老板。听了他的话，老板脸色一变，大怒道：“你怎么能这样？我已经计划好利用在飞机上的时间，和同行的外籍顾问研究一下那份文件和数据资料，你怎么能够不按我的要求准备好呢?”

这位主管当时的窘相，我们可以想象得到。他之所以会影响老板的工作进程，同时把自己置于如此尴尬的境地，就是因为他把生活中拖延的坏习惯带到工作中来。在生活中，你可以偷懒，比如说多睡一会儿，拖延洗衣服的时间；可是在工作中，你必须坚决摈弃这种坏习惯。

实际上，你不仅不应该把生活中的坏习惯带到工作中来，还应该培养“多想一步、多走一步”的好习惯，使各项工作快速地落实到位，甚至积极主动地走在老板的指令前面，这样才更能得到老板的认可。我们不妨再回味一下下面这个常见的例子。

有一天，餐馆的老板对杰克和汤姆说：“你们马上到集市上，看看现在还有卖什么的。”

杰克很快从集市上回来，告诉老板，刚才集市上只有一个农民拉了一车土豆在卖。

老板问:“那他车上大概还有多少袋土豆?”

杰克赶快跑回集市，跑回来告诉老板说一共有30袋。

老板又问他:“价格是多少?”

他只得再次跑到集市上问来了价格。

“好吧,”老板望着累得气喘吁吁的杰克说，“先休息一会儿吧。”

这时，汤姆也从集市上回来了，向老板汇报说：“到现在为止只有一个农民在卖土豆，有30袋，价格适中，质量很好，我还带回几个样品。”汤姆接着说：“这个农民一会儿还会弄来几箱西红柿来卖，据我看，价格还算比较公道。咱们店里的西红柿快用完了，可以进一些货。我想这种价格的西红柿您大概会要，所以也带回了几个西红柿做样品。对了，我还把那个买菜的农民带回来了，他现在正在外面等回话呢。”

如果你是这个老板的话，你会喜欢哪一个雇员呢?

如果你不能彻底改掉生活中的坏习惯，往往会不自觉地将坏习惯带到工作中去。而改掉坏习惯，不管是对你的生活还是工作都是有益无害的。

要养成主动完成举手之劳的事情的习惯

俗话说：“润物细无声。”需要企业员工举手之劳的地方，并不一定是企业生死攸关的大事，反而却是那些看似并无大碍的小事儿。如果员工没有举手之劳的精神，企业注定会被这些大家能做而未做的小事所拖累。

经常可以见到一些这样的员工：一群人围坐在一起聊天，公司的电话铃声不断，可就是没有人去理会。问之，则曰：“还没到上班时间，不处理业务。”或回答：“肯定是找某某的，反正不是找我的，接了还要费事儿!”其实，当时离上班时间仅差几分钟了，这些员工只顾闲聊或者索性看杂志。若是赶上下班的时间，就更没人理会电话铃了！生怕接了会是一块“烫手的山芋”，大部分电话是老板打来的，不是加班就是帮忙之类的额外任务。要不就是某位先生的太太，要求帮忙招呼一下某某……这些问题本来就是一些举手之劳的小事，但却能反映员工们的素质。

举手之劳体现在员工是否对公司和企业有责任心，而员工的责任心又是企业的防火墙。许多企业巨人轰然崩塌，与员工的这点儿举手之劳的敬业精神的缺失有很大的关系。假如一个企业里的大部分员工都没有这种举手之劳的敬业精神和责任心，那么这个企业肯定会举步维艰，还会时不时地因为一些员工的疏忽而出现一些“经济危机”，员工们的这种习惯给公司造成的损失和影响是很大的。

一滴水可以折射出整个太阳的光辉，一件小事可以看出一个人的内心世界。一个员工如果没有完成举手之劳的精神，那么他对待自己的工作就没有应有的责任心和敬业精神，就不是一名合格的员工。

一家很知名的企业招聘管理人员，来了不少应聘者。这些应聘者看起来都比较优秀。可是不论名牌大学毕业的大学生，还是在职场上打拼了多年的“老油条”，都是满怀信心地进入面试室，却以垂头丧气和面带失望的神情失败而归。

当所有的应聘者都面试完了以后，主考官看看公司接待大厅里还有好多面试完的应聘者聚集着不愿离去，他们都想弄明白没有被聘上的具体原因。

主考官看着这么多双渴望的眼睛，给大家作了细致的解释：“今天我们确实是想招聘一些合格的员工，事实上，你们每个人面试时回答的问题都是一样的——‘谈谈你对举手之劳的看法？’所有的应聘者说得都很不错，也有不少人提出很多实实在在的建议，可是你们有没有注意到，在刚进公司接待室的时候，门口躺着的一把拖布？你们看看它是不是还安然地躺在地上，只是位置稍微动了一下！可能是某位同志嫌它碍事踢了踢吧。到现在依然没有哪位应聘者能自觉地把它放到合适的位置。这注定了你们每位应聘者刚刚踏入接待室的时候，就已经被公司拒之门外了。就算你把‘举手之劳’这个话题说得天花乱坠，不动手实施永远都不能说明你们拥有‘举手之劳’的工作习惯!”

这个招聘事例说明，现在已经有很多公司开始注意这点了：员工的举手之劳会对公司造成很大的影响。所以他们在招聘员工的时候，才会设计这么一个“局”，让招聘者自己往里钻：一是看看他们的观察力，最重要的是看看他们能不能自觉地做这些不起眼的小事。

员工的举手之劳所体现出来的责任感，到底能不能给企业带来真正意义上的利益呢？看看下面的故事就会明白了：

小林是千万个城市打工仔中的一员，他没有太高的学历，仅仅是初中毕业。农村出身的小林却有着一身的好品质。

现在做到部门经理的小林已经今非昔比了，他回忆起当年被老板提升的原因时，还是感慨万千地说：“其实我只是做了一些举手之劳的事情，没想到就被老板提升了，当时真是有点儿偶然。那还是刚来城市第二年的一个夏天，由于自己学历低，只能在工地上做些卖力气的活儿。当时正是在现在这个老板手下的建筑队上干活，住在建筑队的集体宿舍里。集体宿舍离建筑工地也就100多米的距离。突然有一天下起了大暴雨，我想到在工地上有一大批新近才运来的沙子还摆着呢！保管员是一个上了年纪的老人，我想他现在肯定是忙着抢救那批沙子和别的没来得及盖上的东西呢！二话没说我就朝工地奔去，果不其然，那个老人正很吃力地拽着一块大塑料布缓慢地移动着。毕竟保管员上了年纪，而且那天的雨还很大，老人一个人看来有些吃不消。我赶紧抢上去和他一起忙活，老人也顾不上谢我。正当我们把沙子全盖上、一切易损的建筑原料也收起来的时候，老板开着车赶到了。他看见我和老人浑身都湿淋淋的。他很为那些建筑材料没有受到什么损失而高兴。当时老板还以为我是老人的亲人来帮他的忙呢！问了老人才知道我就是这个建筑工地的工人，而且还是主动来帮忙的。老板对我夸奖了一番，还问了我的姓名，然后就离去了。没想到第二天工地负责人就找到了我，让我换件衣服跟着他去见老板。后来老板就不再让我做卖力气的活儿了，将我升任为公司的质量监督。老板还说我这样的工人他用着放心。然后我就一步步熬到了现在这个职位。”

小林的升迁是个偶然也是必然。假如员工在对待公司的举手之劳的事情上顺便做一做的话，公司就会因此减少很多的麻烦和隐患，还会给别人带来很大的方便。任何一个老板都会像任用小林一样，放心大胆地用这样的员工的！